# 生物炭改性填埋场覆盖层甲烷减排技术研究

孙晓杰　著

中国环境出版集团·北京

图书在版编目（CIP）数据

生物炭改性填埋场覆盖层甲烷减排技术研究 / 孙晓
杰著. -- 北京：中国环境出版集团，2024. 11.
ISBN 978-7-5111-6044-7

Ⅰ. X705
中国国家版本馆CIP数据核字第2024B3F817号

责任编辑　侯华华
封面设计　宋　瑞

出版发行　中国环境出版集团
　　　　　（100062　北京市东城区广渠门内大街 16 号）
　　　　　网　　址：http://www.cesp.com.cn
　　　　　电子邮箱：bjgl@cesp.com.cn
　　　　　联系电话：010-67112765（编辑管理部）
　　　　　发行热线：010-67125803，010-67113405（传真）
印　　刷　北京中科印刷有限公司
经　　销　各地新华书店
版　　次　2024 年 11 月第 1 版
印　　次　2024 年 11 月第 1 次印刷
开　　本　787×960　1/16
印　　张　9.5
字　　数　118 千字
定　　价　40.00 元

**中国环境出版集团郑重承诺：**
中国环境出版集团合作的印刷单位、材料单位均具有中国环境标志产品认证。

# 前　言

当下，绿色发展和可持续发展正成为中国经济高质量发展的重要内涵；而积极稳妥推进碳达峰、碳中和，也成为各地政府以及各行各业践行绿色发展理念的必然选择。甲烷是全球第二大温室气体，积极稳妥有序地控制甲烷排放，兼具减缓全球温升的气候效益、能源资源化利用的经济效益和协同控制污染物的环境效益等。自 2020 年 9 月以来，国家主席习近平在多个重大国际场合表示中国将加强甲烷等非二氧化碳温室气体管控。"双碳"目标提出后，甲烷减排在我国一系列重要政策中出现的频率增加，甲烷减排工作也在积极推进。2023 年 11 月，生态环境部等部门发布《甲烷排放控制行动方案》，明确提出"十四五"和"十五五"期间甲烷排放控制目标，旨在强化大气污染防治与甲烷排放控制协同，科学、合理、有序地控制甲烷排放。国际能源署（IEA）数据显示，2022 年我国甲烷排放量占全球的比重为 15.65%。其中，三大排放源分别为能源活动、农业活动及废弃物处理。目前，垃圾填埋场排放的甲烷是继农业生产活动和煤矿开采之后人类活动引起的第三大排放源。因此，填埋场温室气体甲烷的减排受到广泛关注。

本书是生物炭改性填埋场覆盖层促进填埋场温室气体甲烷减排的研究专著，是笔者对近几年所主持科研项目研究成果的整理和提炼，内容新颖，理论体系和脉络完整。此外，本书提出了一种疏水性生物炭改性填埋场土壤覆盖层强化甲烷减排技术，以改善填埋场覆盖材料的防水透气性能，实现甲烷减排的最大化，为填埋场甲烷减排提供技术支撑，具有重要的理论意义和应用价值。

本书共分5章：第1章介绍了研究背景及意义、研究现状；第2章介绍了用于垃圾填埋场覆盖层的生物炭的制备与性能研究，优化了生物炭的疏水性能等因素；第3章介绍了疏水性生物炭改性土壤覆盖层甲烷氧化的研究，主要阐述了不同运行条件（甲烷含量、温度、深度等）下各反应柱的甲烷氧化情况，确定最佳技术参数；第4章为疏水性生物炭土壤覆盖层的细菌群落结构特征分析，阐述了不同覆盖材料以及覆盖层不同深度的微生物群落特征，对于功能微生物的有效调控利用以及甲烷的减排具有重要意义；第5章为疏水性生物炭土壤覆盖层的古菌群落结构特征分析，阐述了不同覆盖材料中是否存在甲烷厌氧氧化微生物以及甲烷厌氧生物氧化作用机理，为疏水性生物炭土壤覆盖层、生物炭土壤覆盖层等的甲烷氧化功能古菌的调控提供理论依据。

在本书出版之际，诚挚地感谢薛晨楠、秦永丽、伍贝贝等，他们为完成本书提供了重要的数据和资料；诚挚地感谢陈姝昕等在编排、制图和校对等工作中的付出；还要诚挚地感谢国家自然科学基金地区项目（No.51668014）、广西环境污染控制理论与技术重点实验室、广西岩溶地区水污染控制与用水安全保障协同创新中心、广西农业面源污染综合治理工程研究中心、桂林理工大学生态环保现代产业学院、广西一流学科（环境科学与工程）以及桂林理工大学出版基金的资助。

本书可作为环境科学与工程专业特别是固体废物处理与资源化方向的高校教师和研究生的参考用书，也可供相关学科的科研人员参考。

由于作者能力和精力有限，书中难免存在疏漏和错误，敬请广大读者批评指正。

孙晓杰

桂林理工大学

2024.7

# 目　录

/ 第1章 /

# 垃圾填埋场覆盖层甲烷氧化的研究进展

## 1.1 研究背景及意义

近年来，温室效应成为全球主要的环境问题。甲烷（$CH_4$）作为仅次于二氧化碳（$CO_2$）的温室气体，其在大气中的浓度在过去250年中增加了158%，于2005年达到1 774 ppb$^*$，比工业化前增长了约1 060 ppb。2021年，大气中温室气体 $CH_4$ 浓度创下有史以来最大年增幅，达到17 ppb，当年大气中的 $CH_4$ 含量平均为1 895.7 ppb，比工业化前平均高约162%。大气中的 $CH_4$ 含量虽然仅为 $CO_2$ 含量的1/27，但 $CH_4$ 是除 $CO_2$ 以外最重要的温室气体。与 $CO_2$ 相比，$CH_4$ 吸附热量的能力更强，其全球变暖潜力（Global Warming Potential, GWP）是 $CO_2$ 的25倍。目前，$CH_4$ 对全球气候变暖的贡献可达15%，预计10年后，其温室效应贡献将大于50%，超越 $CO_2$ 成为最重要

---

$^*$ 1 ppb=$10^{-9}$。

的温室气体。$CO_2$ 的大气寿命超过 100 年，而 $CH_4$ 的大气寿命仅为 7～10 年，与其他温室气体相比，减少 $CH_4$ 排放对缓解温室效应具有事半功倍的效果。

在过去的几十年中，固体废物管理方案得到了扩展，但填埋仍然是世界许多地方主要的垃圾处置方法。垃圾填埋场排放的 $CH_4$ 是继农业生产活动和煤矿开采之后人类活动引起的第三大排放源。垃圾填埋气（LFG）是固体废物中的有机物厌氧降解产生的，主要由 $CO_2$、$CH_4$ 和某些痕量的挥发性有机物（VOCs）组成。由于垃圾填埋场的操作、所处置废物的类型和数量以及垃圾填埋场中的降解条件不同，填埋场关闭后可能会长时间向大气排放 LFG。近年来，垃圾填埋场排放的 $CH_4$ 量日益增加，据统计，全球垃圾填埋场向大气中排放的 $CH_4$ 量为 $9×10^{12}$～$70×10^{12}$ g/a，占全球 $CH_4$ 总排放量的 1.5%～15.0%。在欧洲，垃圾填埋场是第二大 $CH_4$ 人为排放源，其 $CH_4$ 排放量占总人为 $CH_4$ 排放量的 23.6%。根据联合国政府间气候变化专门委员会（IPCC）第五次评估报告，$CH_4$ 的辐射强度达到 $0.97\ W/m^2$，仅次于 $CO_2$（$1.68\ W/m^2$），远高于 $N_2O$（$0.17\ W/m^2$）和含氟温室气体（$0.18\ W/m^2$）。同时，$CH_4$ 也是非常重要的污染前体物，根据国际研究成果，前体物排放对臭氧污染的贡献是 85%，而其中 $CH_4$ 的贡献约占 13%。目前，如何实现垃圾填埋场的 $CH_4$ 减排成为国内外的研究热点。

现今，垃圾填埋场的 $CH_4$ 减排技术主要可以分为资源化利用、末端控制和原位减排三类。但是这三类技术在实际应用中都具有明显的局限性。资源化利用和末端控制一般在填埋垃圾降解的活跃期，此时 $CH_4$ 浓度可达 30%～60%，填埋气经过气体收集装置收集后可用于供热、发电或作为动力燃料。但是新建垃圾填埋场 $CH_4$ 产生速度快，释放高峰出现得早，在还未设置气体收集装置前就开始释放，对于已经采用垂直和水平气体收集装置的垃圾填埋场，集气效率不超过 30%。即便集气系统包括垂直、水平和膜下收集装置，且采取小单元方式运行，垃圾填埋场集气效率也只能达到 60%。同时，我国大部分垃圾填埋场都是中小型的。这种垃圾填埋场一般不能承受填埋气收集和处理系统的早期投资。据报道，中小型填埋场可采用原位减排技术（如准好氧填埋）减少 $CH_4$ 气体的排放，但仍有 30% 左右的 $CH_4$ 被释放到空气中。在 $CH_4$ 浓度低于 20% 的旧垃圾填埋场或废弃垃圾填埋场中，以上方法都不可行。因此，有必要开发具有良好成本效益的方法来减少垃圾填埋场的 $CH_4$ 释放。

　　$CH_4$ 原位减排技术包括可持续填埋、好氧填埋和准好氧填埋等。可持续填埋对垃圾进行好氧预处理，使其稳定化进程加快，通过新旧填埋场的交替使用减少 $CH_4$ 的释放。好氧填埋通过间歇式强制通风，加速填埋垃圾的稳定化，同时抑制 $CH_4$ 的产生。准好氧填埋则利用填埋层内外的温度差和渗滤液收集管道的不满流设计，使空气自然通入，保证导气管周围形成好氧区域，而远离导气管的区域则处于厌氧状态。研究表明，准好氧填埋可使 $CH_4$ 排放量降低 70%～90%，且投资和运行成本较低，是一种适合我国大量中小型填埋场 $CH_4$ 减排的填埋技术。所以，在填埋垃圾降解的活跃阶段利用工程技术手段和土壤覆盖层联合收集系统，或者在旧垃圾填埋场和废弃垃圾填埋场单独使用土壤覆盖层可以最大限度地减少 $CH_4$ 排放，采用有效的覆盖系统，通过 $CH_4$ 吸附以及生化氧化过程可以大幅减少 $CH_4$ 排放。

## 1.2 填埋场 $CH_4$ 的研究现状

### 1.2.1 $CH_4$ 的产生与释放

许多 $CH_4$ 排放是由人类活动造成的，如开发使用化石能源、种植农作物、填埋垃圾、肠道发酵与污水处理等。其中垃圾填埋场是非常重要的人为 $CH_4$ 排放源。

#### 1.2.1.1 填埋场 $CH_4$ 的产生

垃圾填埋气是主要成分为 $CH_4$ 和 $CO_2$ 的混合气体，由可生物降解的有机物在微生物的降解过程中产生。其中，$CH_4$ 所占比例可达 30%～60%。

根据气体的产生特点和主要微生物类型，填埋场产气过程可分为好氧阶段、过渡阶段、产酸阶段、产甲烷阶段和填埋场稳定阶段。在过渡阶段形成厌氧环境后，填埋场内的有机物开始厌氧发酵，最终产生 $CH_4$。具体过程为：

①有机质在水解、酸化细菌的作用下转化为脂肪酸、单糖、$CO_2$ 及 $H_2$ 等；

②产氢产乙酸菌将上述产物转化为 $H_2$、$CO_2$ 和乙酸；

③在两种不同类型的产甲烷菌的作用下，将乙酸和 $H_2$ 转化为 $CH_4$ 和 $CO_2$。

$$CH_3COOH \longrightarrow CH_4 + CO_2 \qquad (1-1)$$

同时 $CO_2$ 和 $H_2$ 也可反应生成甲烷。

$$CO_2 + 4H_2 \longrightarrow CH_4 + 2H_2O \qquad (1-2)$$

综上所述，垃圾填埋场 $CH_4$ 的产生是一个以微生物为主体、受多种因素影响的动态生物反应过程。垃圾成分、微生物种类、含水率、温度、pH 等均可影响 $CH_4$ 的产生。

### 1.2.1.2　填埋场 $CH_4$ 的排放

所有人为 $CH_4$ 排放量中约有 18%是由垃圾填埋场产生的，相当于每年向大气中排放 $CH_4$ $3.5 \times 10^{13} \sim 6.9 \times 10^{13}$ g。大气中 $CH_4$ 浓度的年增长率为 0.2%～1%，$CH_4$ 人为排放越来越受重视，而垃圾填埋场是其重要的人为排放源。气候环境、生活水平、文化习惯、治理规范等因素的差异，导致不同地域垃圾的组成存在较大差别，垃圾填埋场 $CH_4$ 的释放规律也各不相同。2007 年，印度垃圾填埋场共排放 $CH_4$ $6.045 \times 10^{11}$ g；2005 年，美国垃圾填埋场共排放 $CH_4$ 约 $6.2 \times 10^{12}$ g。

据国际能源署（IEA）数据，2022 年全球和我国 $CH_4$ 排放量分别为 35 580.13 万 t 和 5 567.61 万 t，我国 $CH_4$ 排放量占全球的比重为 15.65%。而我国垃圾填埋场 $CH_4$ 排放的增长速度高于其他人为排放源，原因是填埋的生活垃圾具有成分多样、有机质含量高、含水率大等特点。除此之外，不同生活垃圾填埋场 $CH_4$ 的释放通量也具有明显的差异。所以，减少垃圾填埋场的 $CH_4$ 释放对控制温室效应具有重要意义。

## 1.2.2　填埋场 $CH_4$ 氧化机理研究

填埋场覆盖层中 $CH_4$ 的氧化是在微生物的作用下完成的，而 $CH_4$ 氧化的主要途径为由甲烷好氧氧化菌介导的好氧氧化和甲烷厌氧氧化菌介导的厌氧氧化。

### 1.2.2.1　$CH_4$ 好氧氧化

$CH_4$ 好氧氧化是指在有氧条件下，好氧甲烷氧化菌以 $CH_4$ 为碳源和能源，生成 $CO_2$ 和 $H_2O$ 的过程。发挥主要作用的好氧甲烷氧化菌广泛分布于垃圾填埋场、煤矿、海洋、湿地、河流沉积物等环境中。已知的好氧甲烷氧化菌分为 Type Ⅰ 型、Type Ⅱ 型和 Type X 型 3 类，甲烷氧化菌 Type Ⅰ 型属于 γ-Proteobacteria 纲，Type Ⅱ 型属于 α-Proteobacteria 纲或 γ-Proteobacteria 纲，Type Ⅰ 型的 *Methylococcus* 和 *Methylocaldum* 也被称为 Type X 型甲烷氧化菌。随着研究的深入，近年研究者在 Methylococcaceae 科中又发现了多种具有好氧甲烷氧化功能的微生物，但目前尚未对其进行归类。同时研究者还发现了 3 株属于疣微菌门的好氧甲烷氧化菌。目前已检测出 30 余属（种）的好氧甲烷氧化菌，具体见表 1.1。

表 1.1　好氧甲烷氧化菌的种类

| 类型 | 门（纲） | 科 | 属（种） |
|---|---|---|---|
| Type Ⅰ | γ-Proteobacteria（γ-变形菌） | Methylococcaceae | *Candidatus Methylospira*<br>*Methylobacter*<br>*Methylocucumis*<br>*Methylomagnum*<br>*Methylomicrobium*<br>*Methylomonas*<br>*Methylosarcina*<br>*Methylosma*<br>*Methylosphaera*<br>*Methylovulum*<br>*Clonothrix* |
|  |  | Methylothermaceae | *Methylothermus*<br>*Methylohalobius* |
|  |  | Crenotrichaceae | *Crenothrix*<br>*Methylocaldum* |

| 类型 | 门（纲） | 科 | 属（种） |
|---|---|---|---|
| Type X | γ-Proteobacteria（γ-变形菌） | Methylococcaceae | *Methylococcus*<br>*Methylogaea*<br>*Methylotetracoccus* |
| Type II | α-Proteobacteria（α-变形菌） | Methylocystaceae | *Methylocystis*<br>*Methylosinus*<br>*Methylocella* |
| | | Beijerinckiaceae | *Methylocapsa*<br>*Methyloferula*<br>*Methyloglobulus* |
| | γ-Proteobacteria（γ-变形菌） | Methylococcaceae | *Methylomarinum*<br>*Methyloparacoccus*<br>*Methyloprofundus*<br>*Methyloterricola* |
| 其他 | β-Proteobacteria（β-变形菌） | Methylophilaceae | *Methylobacillus*<br>*Methylotenera*<br>*Methylovorus*<br>*Methylophilus* |
| | | Sterolibacteriaceae | *Methyloversatilis*<br>*Methylacidiphilum infernorum* |
| | Verrucomicrobia（疣微菌门） | Methylacidiphilaceae | *Methylacidiphilum fumariolicum*<br>*Methylacidiphilum kamchatkense* |

虽然好氧甲烷氧化菌的种类多样，但氧化 $CH_4$ 的机理一致。$CH_4$ 首先在甲烷单加氧酶（MMO）的作用下被氧化为甲醇，MMO 有两种类型：一种是仅存在于部分甲烷氧化菌中的溶解性 MMO（sMMO）；另一种是存在于所有的好氧甲烷氧化菌中的颗粒状 MMO（pMMO）。因此，pMMO 的关键基因（pmoA）被用于 Proteobacteria

门好氧甲烷氧化菌的生理生态研究，*Crenothrix* 属和疣微菌门除外。随后在甲醇脱氢酶（MDH）的作用下将甲醇氧化为甲醛，MDH 有 MxaF1（对甲醇的亲和力较低）和 XoxF（对甲醇的亲和力较高）两种。生成的甲醛一部分可用作好氧甲烷氧化菌同化合成细胞物质；另一部分则可以被异化，即经甲醛脱氢酶（FADH）和甲酸脱氢酶（FDH）氧化生成 $CO_2$ 和 $H_2O$。根据甲醛同化路径的不同可将甲烷氧化菌分为不同的种类，Type I 型利用核酸核酮糖（RuMP）途径，Type II 型利用丝氨酸（Serine）途径，Type X 型主要利用 RuMP 途径，但其含有 Serine 途径的基因。

### 1.2.2.2 $CH_4$ 厌氧氧化

在填埋场覆盖层中 $CH_4$ 好氧氧化是实现填埋场 $CH_4$ 自然减排的主要途径，然而最近的研究表明，$CH_4$ 厌氧氧化也可能是填埋场中 $CH_4$ 自然消耗的一种途径。$CH_4$ 厌氧氧化是在厌氧甲烷氧化菌的作用下生成 $CH_4$ 的过程，厌氧甲烷氧化菌普遍存在于海洋沉积物、冷泉区、泥火山和天然气水合物储层上方，以及水稻田、垃圾填埋场等环境中。$CH_4$ 厌氧氧化可分为以下 3 种：

①硫酸盐还原型甲烷厌氧氧化（SAMO），其化学方程式可表示为：

$$CH_4 + SO_4^{2-} \longrightarrow HCO_3^- + HS^- + H_2O \quad \Delta G^\theta = -16 \text{ kJ/mol}$$

$$(1-3)$$

②反硝化型甲烷厌氧氧化（DAMO），其化学方程式可以表示为：

$$5CH_4 + 8NO_3^- + 8H^+ \longrightarrow 5CO_2 + 4N_2 + 14H_2O \quad \Delta G^\theta = -765 \text{ kJ/mol}$$

$$(1-4)$$

$$3CH_4 + 8NO_2^- + 8H^+ \longrightarrow 3CO_2 + 4N_2 + 10H_2O \quad \Delta G^\theta = -928 \text{ kJ/mol}$$

$$(1-5)$$

③以 $Fe^{3+}$、$Mn^{4+}$ 等金属离子为电子受体的甲烷厌氧氧化（MAMO），其化学方程式为：

$$CH_4 +8Fe(OH)_3 +15H^+ \longrightarrow HCO_3^- + 8Fe^{2+} +21H_2O$$

$$\Delta G^\theta = -572.15 \text{ kJ}/mol \tag{1-6}$$

$$CH_4 +4MnO_2 +7H^+ \longrightarrow HCO_3^- + 4Mn^{2+} +5H_2O$$

$$\Delta G^\theta = -789.91 \text{ kJ}/mol \tag{1-7}$$

SAMO 是最先发现的甲烷厌氧氧化反应，该过程主要由甲烷厌氧氧化古菌（ANME）和硫酸盐还原菌（SRB）共同参与完成，参与 SAMO 反应的 ANME 属于广古菌门，通常可分为 ANME-1、ANME-2（ANME-2a/-2b/-2c）和 ANME-3 3 类，SAMO 体系中的 SRB 一般属于脱硫八叠球菌属（*Desulfosarcina*）。在 SAMO 反应中，ANME 通常与 SRB 形成共生体，古菌在中央，硫酸盐还原菌在周围，但有研究表明，与 ANME 共生的细菌不局限于 SRB，其还可以单独存在或与多种古菌共生，如 ANME-2 细胞就可形成单一类型微生物的共生体，ANME-3 古菌能与 ANME-2a/*Desulfosarcina* 共生。其作用过程为 ANMEs 古菌活化 $CH_4$，将电子传递给 SRB，SRB 进一步还原 $SO_4^{2-}$。研究表明，在垃圾填埋场内及其渗滤液羽状体中发现了 SAMO 反应，并且 SAMO 在垃圾填埋场的 $CH_4$ 厌氧氧化过程中具有重要地位。参与 DAMO 的两种主要功能微生物包括 *Candidatus Methylomirabilis oxyfera*（*M. oxyfera*）细菌与 *Candidatus Methanoperedens nitroreducens*（*M. nitroreducens*）古菌。16 S rRNA 的系统发育表明 *M. oxyfera* 属于非培养的，只能通过环境基因序列定义为新亚门-NC10 门细菌。古菌 *M. nitroreducens* 也是参与 DAMO 的微生物，可催化 DAMO 反应的 ANME-2d 的单个种群，属于 Methanoperedens 科。DAMO 的反应机理可分为 *M. oxyfera* 细菌通过内部好氧机制耦合亚硝酸盐还原与 $CH_4$ 的厌氧氧化，以及 *M. nitroreducens* 古菌通过逆向产 $CH_4$ 途径耦合硝酸盐还原与 $CH_4$ 的厌氧氧化。研究表明包括 ANME-1、ANME-2、ANME-3 在内的几乎所有 ANME 的亚类都可参与 MAMO 反应，但其反应机理还不是很明确。有研究者认为是通过一种或几种微生物使金属离子直接耦合 $CH_4$ 厌氧氧化；或是在硫化物存在的条件下，形成零价硫，通过零价硫的歧化反应生成硫酸盐和负二价硫，与此同时进行碳的固定；或是反应体系中的 $H_2$ 被金属离子（如 $Fe^{3+}$）还原菌利用至低浓度后，通过反向产甲烷作用，氧化 $CH_4$。

### 1.2.2.3　$CH_4$ 氧化影响因素研究

垃圾填埋场覆盖层的 $CH_4$ 氧化能力受温度、含水率、pH 和深度等因素的影响。大部分甲烷营养细菌可以在 25～35℃ 的中等温度下生长，但 Type Ⅰ 型甲烷营养细菌可以在 2～10℃ 的较低温度下氧化 $CH_4$。随着温度的升高，$CH_4$ 的氧化速率也会提高，但这仅在甲烷营养菌的最适生长温度范围（25～35℃）内才会发生。而针对季节性温度变化对微生物吸收 $CH_4$ 的研究表明，最佳温度在 30～36℃。土壤水分有助于维持垃圾填埋场中的微生物活动。但是，过多的土壤水分会限制 $CH_4$ 通过覆盖土壤的运输，因为 $CH_4$ 通过空气介质的传输速率比通过水介质的大。为了保持覆盖土壤中 $CH_4$ 氧化的平衡环境，最佳土壤含水率为 10%～20%（*w/w*），因为若含水率低于 5%，覆盖土壤的饱和导致低温下侧向气体排放量增加，如果在这种情况下大气压力下降，则可能会产生过量的 $CH_4$ 排放，有很大的风险。此外，由于潮湿条件后的干燥条件导致表层土壤干燥，易形成裂缝，从而导致过多排放物泄漏。$CH_4$ 氧化的最佳土壤 pH 范围为 5.5～8.5。由于甲烷营养生物具有适应各种 pH 条件的能力，因此 pH 不是微生物 $CH_4$ 氧化的主要限制因素。$CH_4$ 好氧氧化主要发生在土壤剖面上部 10～20 cm 的甲烷营养活动区内，并且随着土壤深度的增加氧化作用逐渐减弱。

　　同时，填埋场覆盖层微生物的群落结构和多样性是影响 $CH_4$ 减排的重要因素。绝大多数覆盖土中的微生物是不可培养的，传统的生物方法不能反映体系内微生物的特征。而高通量测序技术、荧光原位杂交技术等分子生物学技术则不需要传统的分离和培养，便可深入研究微生物多样性及群落结构。何芝等采用高通量测序技术对不同地区生活垃圾填埋场的覆盖层进行 16S rDNA V3～V4 区高通量测序，结果表明覆盖土中的总氮（TN）、总磷（TP）和有机质（OM）含量可能会影响覆盖层中微生物的群落结构特征。赵天涛等以典型生活垃圾填埋场覆盖土为生物介质，经 $CH_4$ 富集驯化发现，嗜甲基菌属、厌氧绳菌属、节杆菌属和假单胞菌属经富集驯化后相对丰度增加。王峰等研究了建植对甲烷氧化优势菌群的影响，结果表明建植有利于 Type Ⅰ 型菌分布得更深，$CH_4$ 氧化速率下降，使得底部以 Type Ⅰ 型为主的甲烷氧化细菌逐步转变为以 Type Ⅱ 型为主。多位研究者研究了稳定化垃圾作为覆盖层的微生物群落结构，结果表明 Type Ⅰ 型的 *Methylocaldum*、*Methylobacter* 和 *Methylococcaceae* 和 Type Ⅱ 型的 *Methylosinus* 为矿化垃圾覆盖层中的优势甲烷氧化菌，且甲烷氧化菌的种群结构会随着 $CH_4$ 和 $O_2$ 的浓度差异而不同。邢志林的高通量测序技术分析结果表明，覆盖土中的优势甲烷氧化菌为 *Methylobacter* 和 *Methylococcales*，其他甲烷氧化菌分布无显著性差异。Chen 等通过在土壤覆盖层中添加不同比例的生物炭，发现添加生物炭可以改变覆盖土的理化性质，提高 $CH_4$ 氧化效率，提高微生物的多样性，但是生物炭对于甲烷氧化菌的影响机制尚不明确。另外，在一般的覆盖层中，最大的有氧深度为 30～40 cm，更深处 $O_2$ 体积分数很低，为缺氧区。而填埋垃圾的组成复杂，随着垃圾不断降解，其渗滤液或填埋气中可能还有硫酸盐和硝酸盐，这可能导致 $CH_4$ 厌氧氧化，同时也为甲烷厌氧氧化古菌的生长提供了有利条件。而传统的覆盖层 $CH_4$ 氧化动力学研究方法可能难以识别 $CH_4$ 厌氧氧化作用的存在，$CH_4$ 厌氧氧化作用及其相关古菌在填埋场覆盖层内 $CH_4$ 氧化的研究中常被忽略。因此，明晰覆盖层中微生物的群落结构对评估覆盖层的生物特性，以及有效调控利用功能微生物具有重要意义，对揭示覆盖层体系甲烷氧化的规律和生物特性有积极作用。

## 1.2.3　生物炭技术研究进展

### 1.2.3.1　生物炭的基本性质

生物炭是指生物质材料在固定温度（300～700℃）和缺氧条件下热解得到的炭材料。由于其碳结构高度芳香化，因此具有很强的稳定性，在土壤中可保留很长时间。在土壤中添加生物炭会产生碳负效应，是非常有效的固碳方法。并且生物炭孔隙率高和比表面积大，可作为良好的吸附材料。此外，生物炭的表面还附着了很多官能团，可用于改良土壤和提高土壤肥力。

因为原料、热解温度和时间等的差异，所制得的生物炭的性能也有一定区别。通常使用植物材料比使用畜禽粪便制备的生物炭含碳量更高，高温生物炭比低温生物炭的稳定性更强。原料的热解时间越长，生物炭的灰分含量和碳含量越高。然而，现在尚无统一的生物炭制备标准，不同机构采用的生物炭制备工艺存在较大区别。因此，生物炭的研究缺乏可比性。即使相同的材料在相同的温度下热解，所得生物炭的性质也可能存在差别。

### 1.2.3.2　生物炭对土壤理化性质的影响

生物炭具有孔隙率高、吸附能力强、稳定性好、营养物质丰富等特点。将其添加到土壤中，会影响土壤的理化性质。

生物炭通过影响土壤的容重、密度和含水率等改变土壤的结构性质。有研究发现，添加生物炭后土壤含水率在短时间内显著降低，而随着时间的延长，土壤含水率又逐渐增大，因为添加生物炭后土壤持水能力得到了提高，当土壤中加入外源水时，更多的水分被土壤吸收和保持。生物炭具有较大的孔隙率，且密度比土壤小得多。所以加入生物炭后，土壤的容重减小、孔隙率增大。许多研究表明，添加生物炭使土壤结构得到了改良，从而提高了作物产量。

生物炭表面附着有大量碱性官能团且含有碳酸盐，一般表现为碱性。在土壤中添加生物炭后，pH 会明显升高，利用生物炭的这一性质，可改良和修复酸性土壤。Major 等经过 4 年的田间试验，发现添加生物炭可以明显提高土壤的碱度，且投加量高的土壤碱度高于投加量低的土壤。但随着时间的增加，生物炭对土壤碱度的影响逐渐降低，不同生物炭投加量土壤间的碱度逐渐趋于相同。还有研究发现，酸性土壤添加生物炭后 pH 明显升高，同时以玉米秸秆为原料制备的生物炭效果优于以柳枝稷和松木为原料制备的生物炭，但碱性土壤添加生物炭后 pH 无明显变化。因此，生物炭对土壤碱度的影响不仅与生物炭的原料种类有关，还与土壤的性质有关。

生物炭孔隙率大，比表面积大，具有良好的吸附能力，不仅能吸附土壤中的营养元素（如 C、N、P 等），而且可以吸附许多污染物质（如重金属和多环芳烃等）。陈红霞等研究发现，土壤中的氨氮可以被生物炭吸附，添加生物炭降低了土壤中氨氮的含量，并且利用同位素标记证实了被生物炭吸附的氨氮在一定条件下能够分解并转化供土壤植物吸收利用。而生物炭对土壤理化性质的影响是复杂多变的，还需要进一步深入研究。

### 1.2.3.3 生物炭对土壤微生物群落结构的影响

通过向覆盖层中添加生物炭可以提高 $CH_4$ 氧化效率，生物炭具有多孔结构和较大的表面积，可以为甲烷氧化菌的生长和繁殖提供合适的栖息地。其机理大致有两种：①生物炭多孔结构假说，认为生物炭具有多孔结构，且结构比较稳定，能够吸附 $CH_4$，并为甲烷氧化菌提供居所，促进其生长和保持活性；②生物炭营养物质假说，认为生物炭含有营养物质，可促进甲烷氧化菌的生长与繁殖，从而促进 $CH_4$ 氧化。例如，磷元素是甲烷氧化菌代谢过程中合成甲烷单加氧酶和核酸的主要营养元素；土壤中的有机质含量与甲烷氧化活性正相关。目前，一般认为 $CH_4$ 氧化效率的提高是生物炭多孔结构和营养物质共同作用的结果，但也有对生物炭营养物质假说表示质疑的。因此，揭示生物炭促进 $CH_4$ 氧化的机理，明确两种假说对于提高 $CH_4$ 氧化效率各自的贡献程度成为亟须解决的关键问题。

## 1.2.4 垃圾填埋场覆盖层的研究进展

生物覆盖层 $CH_4$ 氧化效率高于传统土壤覆盖层，生物覆盖层更具技术优势。尽管土壤覆盖层被广泛使用，但是以下问题会影响 $CH_4$ 减排效果：①形成裂缝；②$CH_4$ 在覆盖层的扩散受限；③$O_2$ 进入覆盖层；④覆盖层缺乏充足的营养物质。目前如何克服传统土壤覆盖层的缺点，开发一种更为有效的覆盖层促进 $CH_4$ 氧化和减排成为需要解决的问题。研究发现，生物覆盖层可以解决以上问题，其主要原理是通过优化覆盖层环境条件，强化微生物降解 $CH_4$ 的作用，实现 $CH_4$ 减排。目前研究的生物覆盖材料主要是各种类型的堆肥，也有木屑、矿化垃圾及矿化污泥等。但这些材料也存在一些限制：①生物覆盖材料的自身降解；②形成胞外聚合物，堵塞空隙，限制气体扩散和传递；③无法促进 $CH_4$ 吸附；④过量营养造成嗜甲烷菌的竞争性抑制。相比较而言，生物炭作为填埋场覆盖材料更具优势：①可强化 $CH_4$ 吸附；②更大的孔隙率和比表面积，可改善覆盖层的通气性；③甲烷氧化菌存在于高孔隙率的生物炭中，有利于甲烷氧化菌的生长和繁殖；④可强化气体传递；⑤是实现填埋气减排的可持续且廉价的选择。

近年来，以美国伊利诺伊大学为代表的研究者开展了生物炭覆盖层方面的研究。Castaldi 研究了土壤、生物炭、含 10%生物炭和20%生物炭的土壤 $CH_4$ 吸附能力，最大 $CH_4$ 吸附量分别为 32 mL/kg、346 mL/kg、59 mL/kg 和 82 mL/kg，表明随着生物炭含量的增加，覆盖层的最大 $CH_4$ 吸附量逐渐增加。Yoo 等研究表明，生物炭改良的土壤柱中存在更多的甲烷氧化菌，具有更高的 $CH_4$ 氧化效率。其机理是生物炭具有高孔隙率，添加至土壤覆盖层后，会提高覆盖层的渗透系数。王英惠的研究表明，所用土壤和生物炭的渗透系数分别为 $4.3×10^{-9}$ cm/s 和 $1.2×10^{-2}$ cm/s，添加 5%、10%、20%的生物炭的土壤混合物渗透系数分别增至 $5.7×10^{-8}$ cm/s、$6.5×10^{-7}$ cm/s、$7.8×10^{-7}$ cm/s，即随着生物炭含量的增加，土壤混合物渗透系数呈升高趋势。因为这有利于 $O_2$ 和 $CH_4$ 的扩散和运输，最终扩大覆盖层的 $CH_4$ 氧化层，增加微生物活性与微生物密度，提高 $CH_4$ 的氧化效率。颜永毫等研究表明，掺入木屑生物炭和水稻秸秆生物炭均能使粉土的 $CH_4$ 氧化效率提高约 2.5 倍，并认为生物炭使粉土中的有机质及磷含量提高，为甲烷氧化菌提供了更多营养物质，同时生物炭能够调节粉土土样的酸碱环境，有利于形成适宜甲烷氧化菌生长的弱碱环境，因此提高了粉土的 $CH_4$ 氧化效率。

然而，覆盖层添加生物炭导致渗透系数提高的同时会促进雨水的扩散和运输。已有的研究表明，添加 10%生物炭的土壤渗透系数

已经大于 $10^{-7}$ cm/s。一方面，填埋场覆盖层的主要作用除防止气体外溢外，还能防止雨水进入，减少渗滤液的产生量。例如，美国国家环境保护局对最终覆盖层有相关规定：最终保护层厚度应大于 0.15 m，以支持植被生长；低渗透层厚度应大于 0.45 m，渗系数应小于 $10^{-7}$ cm/s。然而通过降低生物炭含量来降低渗透系数又会影响 $O_2$ 从大气进入覆盖层，同时也会影响填埋层 $CH_4$ 进入覆盖层。

另一方面，渗透系数增加导致的覆盖层含水率增加会影响 $CH_4$ 的吸附。Yaghoubi 的研究结果表明，对于生物炭覆盖层土壤，增加含水率对于 $CH_4$ 的吸附具有负面影响。其原因是水能够覆盖在生物炭的表面和生物炭的孔隙中。赵长炜等研究指出，当含水率超过 15%时，$CH_4$ 氧化速率会下降。周海燕等指出，当含水率为 25%时，矿化垃圾中微生物活性最大，$CH_4$ 好氧与厌氧氧化速率均最大。何若等指出，当垃圾土含水率大于 45%时，其 $CH_4$ 氧化潜力受含水率的影响不大。Hilger 等研究发现，含水率 45%的垃圾堆肥具有较高的 $CH_4$ 氧化活性。何品晶等指出，土壤含水率低于 5%时 $CH_4$ 氧化几乎停止，最佳含水率为 15%。刘秉岳等研究表明，粉土、木屑炭改性土及水稻秸秆炭改性土的 $CH_4$ 氧化适宜含水率范围分别为 14%～28%，14%～35%及 15%～40%。综上所述，填埋场覆盖层 $CH_4$ 氧化作用的最佳含水率为 15%～35%。

因此，对于生物炭覆盖层 $CH_4$ 氧化技术来说，要提高 $CH_4$ 的吸附和氧化效率，需要提高覆盖层中生物炭的含量，促进 $CH_4$ 从填埋层以及 $O_2$ 从大气中进入覆盖层。但是根据填埋场覆盖层渗透系数须满足小于 $10^{-7}$ cm/s 的规定，则要求降低生物炭含量，从而导致系统中 $CH_4$ 吸附和氧化效率降低。因此，既要促进 $CH_4$ 和 $O_2$ 扩散，又要防止雨水进入覆盖层成为亟须解决的关键问题。

# 第2章

# 表面疏水改性生物炭的制备与
# 性能研究

填埋场土壤覆盖层通过 $CH_4$ 吸附以及生化氧化过程可以减少 $CH_4$ 排放。但是目前广泛使用的传统土壤覆盖层存在缺乏营养物质、气体扩散受限且容易形成裂缝等缺点。生物炭是由植物性生物质热解产生的。生物质的来源可以是农业秸秆，也可以是林业废物（如坚果壳、木屑、锯末、家禽垫料和玉米秸秆等）。生物炭作为改良材料添加到填埋场土壤覆盖层后，既可解决普通生物覆盖层因容易形成胞外聚合物导致的孔隙堵塞从而影响覆盖层中 $CH_4$ 的扩散和吸附等问题，又因其比表面积大和孔隙率高可改善覆盖层的通透性并促进甲烷氧化菌的生长繁殖。

生物炭是生物质材料在限氧条件下经一定温度（300～700℃）热解所得的炭质材料，其孔隙大小与制备所用的生物质材料有关，不易改变。目前，大部分生物炭在使用之前往往经过活化，因而会引入诸如羟基、羧基等亲水性基团。生物炭表面亲水性一方面无助于覆盖层防水；另一方面往往导致目标物和水之间的竞争性吸附，从而导致生物炭吸附效率降低。利用疏水改性的方法，在生物炭表面形成一层疏水性保护层，既可防止水滴进入又可保证气体的流通，实现了生物炭的防水、透气。生物炭的疏水改性可分为物理改性和化学改性两种。其中，物理改性是使疏水改性剂覆盖在生物炭的表面，生物炭本身不发生任何变化；化学改性是生物炭表面与改性剂发生化学反应，改性剂中的疏水性基团通过接枝反应引至生物炭表面，使生物炭本身具有疏水性能。通过查阅大量资料发现，大部分物理疏水改性剂本身为有机物，具有较大毒性，并且长时间与微生物接触可能被分解破坏，稳定性差。所以本试验利用化学疏水改性剂，通过化学反应将疏水性基团置换到生物炭表面，这样得到的生物炭更加安全可靠。

已有研究表明，硅烷偶联剂作为常用环境友好型有机包覆改性剂，可用于提高 $TiO_2$、硅藻土和微硅粉等材料的分散性和疏水性。本试验选择硅烷偶联剂 KH-570 作为疏水改性剂，分别在不同改性剂浓度、不同样品投加量和不同改性温度下对生物炭进行疏水改性试验，确定最佳疏水改性条件。

## 2.1　试验试剂和设备

本试验所用化学试剂如表 2.1 所示，试验用水均为去离子水。

表 2.1　试验所用化学试剂

| 试剂名称 | 化学式 | 规格 |
|---|---|---|
| 无水乙醇 | $CH_3CH_2OH$ | 分析纯 |
| 醋酸 | $CH_3COOH$ | 分析纯 |
| 硅烷偶联剂 KH-570 | $C_{10}H_{22}O_4Si$ | 色谱纯 |

试验所用仪器如表 2.2 所示。

表 2.2  试验所用仪器

| 仪器名称 | 型号 |
| --- | --- |
| 电热鼓风干燥箱 | 101-1 |
| 恒温水浴锅 | SHA-B |
| 超纯水仪 | Option-Q7 |
| 全自动比表面介孔微孔分析仪 | ASAP 2020M |
| 接触角测定仪 | JC2000D1 |
| 傅里叶红外光谱仪（FT-IR） | iS10 |
| 高分辨扫描电镜（SEM） | JSM-7900F |
| 多功能 X-射线衍射仪（XRD） | X'Pert$^3$ Powder |
| 同步热分析仪（TG） | SDT-Q600 |
| pH 计 | PHSJ-3F |
| 电子天平 | AR224CN |

## 2.2  制备方法

### 2.2.1  制备原理

试验所用的生物炭为外购所得，其理化性质见表 2.3。水稻秸秆生物炭的比表面积高达 65.45 m$^2$/g，是由于其原料的主要成分——纤维素的主要结构为导管和筛管。

表 2.3  生物炭理化性质

| 指标 | pH | C/% | K/% | P/% | 比表面积/（m$^2$/g） | 吸附总孔体积/（cm$^3$/g） | 吸附平均孔径/（nm） | 灰分/% | 填充密度/（g/cm$^3$） |
| --- | --- | --- | --- | --- | --- | --- | --- | --- | --- |
| 生物炭 | 10.8 | 64.2 | 0.33 | 0.16 | 65.45 | 0.07 | 3.95 | 30.20 | 0.13 |

试验所用化学疏水改性剂为硅烷偶联剂 KH-570 [γ-（甲基丙烯酰氧）丙基三甲氧基硅烷，分子式为 $CH_2=C(CH_3)COOC_3H_6Si(OCH_3)_3$]。硅烷偶联剂 KH-570 有两种不同性质的官能团，分别与有机分子和无机物表面的吸附水反应，能形成牢固黏合；外观为无色或微黄透明液体，常用于玻璃纤维浸润以及滑石、黏土等无机填料的表面处理，以提高对无机材料的黏结力，增加抗水性，降低固化温度；通常在 pH 为 4～5 的醇水混合液中水解后直接加入需要改性的材料中。

硅烷偶联剂 KH-570 的表面疏水改性反应机理如图 2.1 所示，改性过程分两步：①KH-570 中与 Si 相连的烷氧基团在酸性条件下水解，生成硅醇；②硅醇中的 Si—OH 与生物炭表面的—OH 形成氢键，加热后脱去 1 个水分子形成改性生物炭。硅烷偶联剂 KH-570 遇水水解缩聚成硅醇并受温度和浓度的影响。

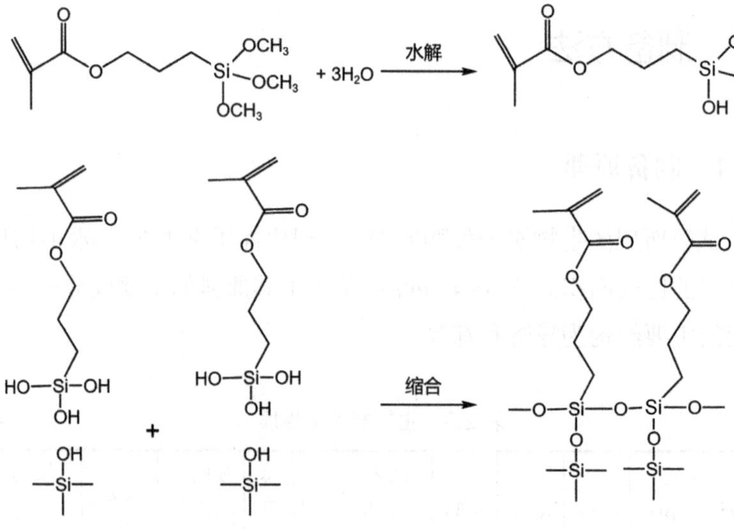

图 2.1　KH-570 的表面疏水改性反应机理

### 2.2.2　试验制备过程

试验制备时保持无水乙醇和水的体积比为 1∶1，醋酸的浓度为 0.1 mol/L。称取 1～9 g 的过筛（40～60 目）生物炭，加入无水乙醇/水混合液（100 mL）中，缓慢滴加醋酸溶液，同时测量 pH，将其 pH 调节至 4，在温度为 30～70℃的水浴锅中预搅拌 30 min 后，随后逐滴加入预设用量的硅烷偶联剂 KH-570，继续搅拌 2 h 使其充分反应，过滤后并用无水乙醇冲洗 3 次后滤出，放入 50℃的电热鼓风干燥箱中干燥 6 h，即得表面疏水改性的生物炭。

## 2.3　表征方法

### 2.3.1　润湿性测试

亲水性和疏水性表示的是材料和水表面之间的润湿性能。而水滴在材料表面形成的接触角是衡量材料疏水性的重要参数。图 2.2 为亲水性材料和疏水性材料表面示意图。若材料表面与水的接触角 $\theta<90°$，则说明此材料表面是亲水性的，$\theta$ 越小表示其润湿性能越好；若材料表面与水的接触角 $\theta>90°$，则说明此材料表面是疏水性的，$\theta$ 越大表示该材料越不容易被水润湿。

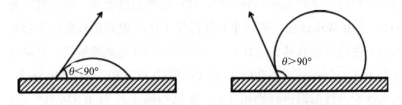

图 2.2　亲水性材料表面和疏水性材料表面示意图

水滴在疏水性固体材料表面会形成较大的接触角，以此来判定固体材料的润湿性能。因生物炭粉质特殊，经压片机处理后无法成型并且会改变自身结构，所以本试验应用粉体槽法测定生物炭的接触角，将待测样品放入厚度为 1 cm 的粉体槽中经压实后直接测定。本试验采用接触角测定仪对原始生物炭及在不同条件下制备的疏水改性生物炭进行测试表征。

### 2.3.2　吸湿性测试

吸湿性能表示固体材料从空气中吸收水分的能力。精准称取 4 g 干燥至恒重的原始生物炭和疏水改性生物炭，分别均匀摊铺在玻璃片上，在室温环境下放置 24 h，测量其质量，并计算其吸湿率：

$$吸湿率（\%）= \frac{m_2 - m_1}{m_1} \times 100\% \qquad (2\text{-}1)$$

式中，$m_1$ 为干燥试样质量，g；$m_2$ 为试样吸湿 24 h 后的质量，g。

吸湿率越低，则其疏水性能越好。

### 2.3.3　表征测试

采用 Thermo Fisher 公司的傅里叶红外光谱分析仪（FI-IR）表征疏水改性前后生物炭的官能团的变化，确定材料的疏水性官能团的形成；采用日本电子株式会社的高分辨型扫描电镜（SEM）表征疏水改性前后生物炭的形貌结构，试样用喷铂金处理，喷金时间为 30 s；采用 Waters 公司的同步热分析仪（TG）测试改性前后生物炭的热重曲线表征其热稳定性，保护气和冲扫气为高纯氮气，升温速度为 10℃/min；采用多功能 X-射线衍射仪（Cu 靶，$\lambda$=1.540 56 Å）对生物炭改性前后进行物相分析，测试扫描步长为 0.026 26°，扫描角度为 0.134 7°/s，扫描范围为 5°～90°。

## 2.4　表征分析

### 2.4.1　TG 分析

　　图 2.3 为未改性生物炭和在上述最佳条件下改性的生物炭在 30～800℃的热重曲线。

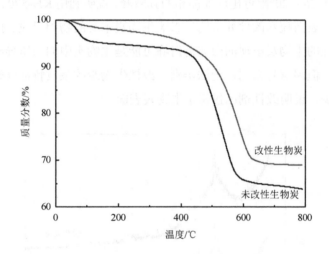

**图2.3　未改性/改性生物炭的热重曲线**

　　由图 2.3 可知，温度低于 200℃时，未改性生物炭的失重率为 5.21%，主要为生物炭表面吸附水；而改性生物炭的失重率为 2.11%，失重率明显减少，说明改性生物炭表面疏水性能增强，吸湿率减小。温度在 400～500℃时，由于生物炭中游离碳和灰分的燃烧，样品质量继续减小，但改性生物炭质量减小趋势较未改性生物炭质量减小趋势平缓，说明生物炭表面包覆的硅烷偶联剂延缓了其中碳和灰分的燃烧。温度超过 600℃后，生物炭质量趋于稳定，但改性生物炭质量仍然在下降，主要是生物炭表面接枝的 KH-570 热分解所造成的。

### 2.4.2 XRD 分析

图 2.4 是未改性生物炭与在上述最佳条件下改性的生物炭的 XRD 图谱。由图 2.4 可知，两种生物炭的 XRD 图谱曲线基本重合，且仅在 $2\theta = 20°$ 附近出现非晶相的弥散峰，说明利用 KH-570 对生物炭进行表面疏水改性并未明显影响生物炭本身的物相组成。此外，未改性的生物炭出现的微弱衍射峰可能是生物炭中的杂质导致的特征峰，但因信号太弱，无法辨别。改性生物炭的杂质特征峰较未改性的少，说明改性剂已包覆了生物炭表面。

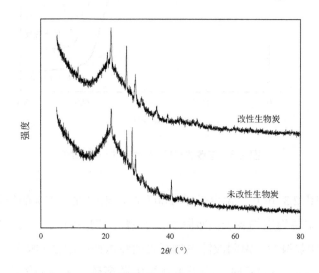

图 2.4 未改性/改性生物炭的 XRD 图谱

### 2.4.3　FT-IR 分析

图 2.5 为未改性生物炭和在上述最佳条件下改性的生物炭的 FT-IR 图谱。由图 2.5 可知，两种生物炭谱图基本吻合，说明两者为同一物质，只是微观结构上发生了变化。3 443 cm$^{-1}$ 处的宽峰为结构水—OH 反对称伸缩振动峰，而 1 636.89 cm$^{-1}$ 处的吸收峰对应于 H—O—H 的弯曲振动吸收峰。改性生物炭在波数为 1 458.32 cm$^{-1}$、1 519.16 cm$^{-1}$ 和 1 541.19 cm$^{-1}$ 处均出现与 KH-570 相对应的吸收峰，而未改性生物炭则不存在上述吸收峰，说明改性生物炭表面存在 KH-570。此外，改性生物炭在波数为 1 084.75 cm$^{-1}$ 处的 Si—O—Si 键振动吸收峰相对改性前显著变强，这可能是由于 KH-570 中的 Si—O—C 键在波数为 1 169.90 cm$^{-1}$ 和 1 088.80 cm$^{-1}$ 处的 2 个强的吸收峰与 Si—O—Si 键振动吸收峰在同一吸收带上，两键吸收峰的叠加导致了波数为 1 084.75 cm$^{-1}$ 的峰的变化。

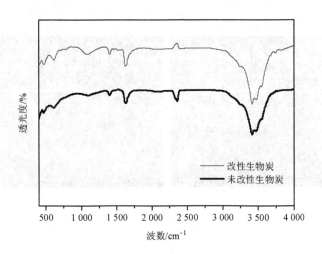

图 2.5　未改性/改性生物炭的 FT-IR 图谱

### 2.4.4　SEM 分析

图 2.6 为未改性生物炭和在上述最佳条件下改性的生物炭的 SEM 照片。在相同的放大倍数下进行电镜扫描并观察，选择放大倍数分别为：×2 000、×5 000、×20 000，其结果如图 2.6（a）～（f）所示。图 2.6（a）、（c）、（e）是放大 2 000 倍、5 000 倍和 20 000 倍的未改性生物炭 SEM 照片，本试验所用生物炭是以水稻秸秆为原料在 500℃温度下热解而成的，水稻秸秆的主要成分是纤维素，其主要结构为筛管和导管。由图 2.6（a）、（c）、（e）可以看出，原始生物炭具有竖向多孔结构，表面粗糙且具有较多细小的颗粒；与之相比，由图 2.6（b）、（d）、（f）可以发现，疏水改性后的生物炭不仅具有多孔结构，且表面比较平滑，不利于水滴的附着；由图 2.6（e）可知，生物炭表面的块状物，其可能为残留的疏水改性剂。

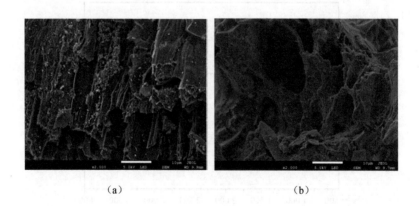

(a)　　　　　　　　　　　　　　(b)

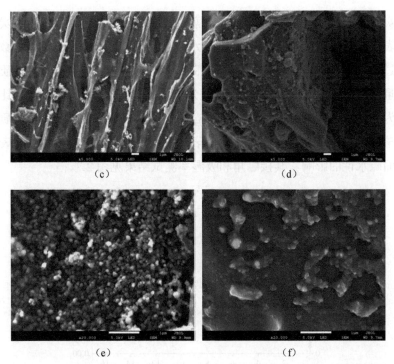

（a）放大 2 000 倍的未改性生物炭电镜照片；（b）放大 2 000 倍的改性生物炭电镜照片；
（c）放大 5 000 倍的未改性生物炭电镜照片；（d）放大 5 000 倍的改性生物炭电镜照片；
（e）放大 20 000 倍的未改性生物炭电镜照片；（f）放大 20 000 倍的改性生物炭电镜照片

**图 2.6　未改性/改性生物炭的扫描电镜照片**

## 2.5　改性生物炭表面疏水性能研究

### 2.5.1　KH-570 质量分数对生物炭表面疏水性能的影响

疏水改性剂的质量分数是影响改性效果的一个至关重要的因素。在相同的生物炭投加量下，当改性剂的质量分数过低时，生物炭表面未与改性剂完全反应，硅醇中的 Si—OH 未完全置换生物炭表面的—OH，不能达到较好的疏水改性效果；而改性剂的质量分数过高时，会造成成本增加和资源浪费，所以存在一个最佳改性剂质量分数。在本试验中，溶液总体积为 100 mL，无水乙醇和水的体积比为 1∶1，生物炭的投加量均为 5 g，改性温度为 70℃，利用不同质量分数的 KH-570 对生物炭进行表面疏水改性，研究其对生物炭表面疏水性的影响。其接触角和吸湿率测试结果见图 2.7。

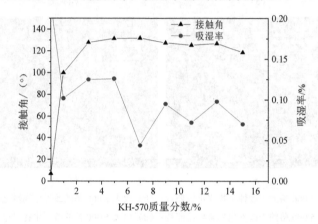

图 2.7　不同质量分数 KH-570 改性生物炭的接触角和吸湿率

当 KH-570 的质量分数分别为 1%、3%、5%、7%、9%、11%、13%和 15%时，改性生物炭的接触角分别为 99.99°、127.99°、131.50°、131.99°、127.50°、125.50°、127°和 118.50°，吸湿率分别是 0.102%、0.125%、0.126%、0.044%、0.095%、0.072%、0.098%和 0.070%。生物炭通过质量分数为 1%的 KH-570 的疏水改性，其接触角由改性前的 7.04°增加到 99.99°，吸湿率从 0.221%减小到 0.102%。随着 KH-570 质量分数的增加，改性生物炭的接触角不断增大，当 KH-570 的质量分数为 7%时，改性生物炭的接触角最大，为 131.99°（见图 2.8），

吸水率最小为 0.044%，然而当 KH-570 的质量分数继续增加时，接触角反而减小，吸湿率也随之增大。这是因为 KH-570 的水解产物硅醇与生物炭表面的—OH 发生缩合反应，生物炭表面的亲水基团—OH 被 KH-570 的疏水基团所替代，以化学键合的方式在生物炭表面形成的疏水性的有机覆盖层，致使生物炭表面由亲水性转变为疏水性。所以当 KH-570 的质量分数不断增加时，生物炭表面的亲水基团—OH 被疏水基团替代得越多，疏水性能越好，接触角也就越大，吸湿率也就越小。但当改性剂质量分数过大时，多余的改性剂水解生成的硅氧烷负离子与生物炭表面已经键合的 Si 原子形成架桥，会引起粉体絮凝，从而影响生物炭的疏水改性效果。综上所述，当生物炭的投加量为 5 g，改性温度为 70℃时，KH-570 的最佳质量分数为 7%。

接触角 131.99°

图 2.8　KH-570 质量分数为 7% 时改性生物炭的接触角

## 2.5.2　生物炭投加量对其表面疏水性能的影响

在 KH-570 的质量分数一定、其他改性条件均相等的条件下，生物炭的投加量不同会直接影响其改性效果。如果生物炭投加量过小，还有部分 KH-570 未反应，会造成改性剂的浪费，增加改性成本，并且多余的改性剂水解生成的硅氧烷负离子与生物炭表面已经键合的 Si 原子形成架桥，会引起粉体絮凝，从而影响生物炭的疏水改性效果。如果生物炭的投加量过大，则生物炭表面的疏水基团并没有被 KH-570 的疏水基团完全置换，不仅影响改性效果，也会造成生物炭的浪费。所以，在其他改性条件相同的情况下，存在一个最佳生物炭投加量，在该投加量下既能达到最佳改性效果，也能控制成本和节约资源。在本试验中，溶液总体积为 100 mL，无水乙醇和水的体积比为 1∶1，KH-570 的质量分数均为上述试验得到的最佳值 7%，改性温度为 70℃，利用同一质量分数的 KH-570 对不同投加量的生物炭进行表面疏水改性，研究生物炭投加量对其表面疏水性能的影响。其接触角和吸湿率测试结果如图 2.9 所示。

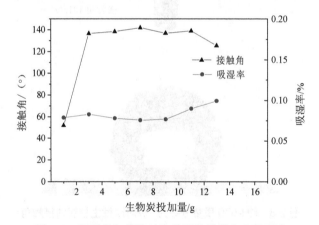

图 2.9　不同投加量改性生物炭的接触角和吸湿率

当生物炭投加量分别为 1 g、3 g、5 g、7 g、9 g、11 g 和 13 g 时，改性生物炭的接触角分别为 52°、136.66°、138.49°、141.99°、136.99°、138.99°和 125.49°，吸湿率分别是 0.079%、0.083%、0.078%、

0.076%、0.077%、0.090%和0.099%。生物炭投加量从 1 g 增加到 3 g 时，接触角显著增大。生物炭投加量在 3～11 g 范围内逐渐增加时，接触角和吸湿率的变化趋势都比较平稳。在生物炭投加量为 7 g 时接触角存在一个最大值，为 141.99°（见图 2.10），而吸湿率也与之对应存在一个最小值，为 0.076%，说明当 KH-570 的质量分数为 7% 时，投加量为 7 g 的生物炭表面的亲水基团—OH 已基本被 KH-570 的疏水基团替代，并在其他反应条件相同的情况下以化学键合的方式在生物炭表面形成最大覆盖率的疏水性有机覆盖层，致使生物炭表面由亲水性转变为疏水性。而在生物炭投加量增加到 13 g 时，接触角从 138.99°减小到 125.49°，吸湿率也从 0.090%增大到 0.099%，说明此时生物炭的量过多以致表面的亲水基团—OH 没有被完全替代，疏水效果不佳。综上所述，当 KH-570 的质量分数为 7%，改性温度为 70℃时，生物炭的最佳投加量为 7 g。

接触角 141.99°

图 2.10　生物炭投加量为 7 g 时改性生物炭的接触角

### 2.5.3　反应温度对其表面疏水性能的影响

其他条件均相等的情况下，改性剂与材料的反应温度也会直接影响其改性效果。在选用硅烷偶联剂 KH-570 对材料的表面改性研究中，有很多研究人员选择的改性温度均为 70℃，而姚超等选用的反应温度为 85℃。又有研究在利用硅烷偶联剂 KH-550 对碳化硅粉体进行表面改性时，发现最佳反应温度为 90℃。然而赵凤霞在利用十六烷基三甲氧基硅烷对活性炭进行疏水改性的研究中在室温下反应。根据反应动力学理论，通常反应温度升高会加快反应速率，有利于疏水反应的进行；反之，反应温度太低可能会降低其疏水效果。但是如果反应温度过高，可能会因为反应过于剧烈而导致疏水有机覆盖层在生物炭表面分布不紧密、不均匀而影响疏水效果。

在反应温度试验中，溶液总体积为 100 mL，无水乙醇和水的体积比为 1∶1，KH-570 的质量分数和生物炭投加量分别为上述试验得到的最佳值 7% 和 7 g，其他反应条件相同。由于所用溶剂中含有无水乙醇，沸点为 78.15℃。因此，设置 5 个反应温度，分别为 30℃、40℃、50℃、60℃ 和 70℃，研究其对生物炭表面疏水性能的影响。其接触角和吸湿率测试结果如图 2.11 所示。

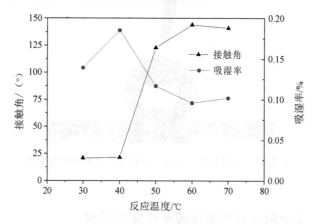

图 2.11　不同反应温度改性生物炭的接触角和吸湿率

当反应温度分别为 30℃、40℃、50℃、60℃和 70℃时，改性生物炭的接触角分别为 21°、21.50°、122.99°、143.99°和 140.99°，吸湿率分别是 0.139%、0.185%、0.117%、0.096%和 0.102%。由图 2.11 可以看出，随着反应温度的升高，接触角逐渐增大，反应温度为 30℃和 40℃时，改性生物炭表面接触角较未改性生物炭来说有所增大，但是仍为亲水性，此时的吸湿率也较高。当反应温度达到 50℃时，改性生物炭表面已经由亲水性转变为疏水性，吸湿率也大幅度减小。直至反应温度达到 60℃，此时改性生物炭的接触角最大，为 143.99°，吸湿性最小，为 0.096%（见图 2.12），继续提高反应温度，接触角反而减小，吸湿率随之增大。这说明，当反应温度为 60℃时，生物炭表面的亲水基团—OH 已经完全被 KH-570 的疏水基团所替代，以化学键的方式在生物炭表面形成的疏水性的有机覆盖层，致使生物炭表面由亲水性转变为疏水性。但是反应温度低于 60℃时，KH-570 的水解缩聚反应未达到最适温度，未完全反应形成硅醇，影响了疏水效果。当反应温度高于 60℃时，反应过于剧烈导致疏水有机覆盖层在生物炭表面分布不紧密、不均匀而影响疏水效果。综上所述，当 KH-570 的质量分数为 7%，生物炭的投加量为 7 g 时，最佳改性温度为 60℃。

接触角 143.99°

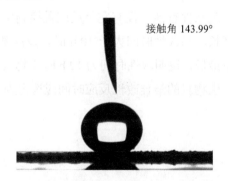

图 2.12　改性温度为 60℃时改性生物炭的接触角

### 2.5.4 改性时间对其表面疏水性能的影响

疏水改性剂与生物炭的反应时间是影响改性效果的一个重要因素，反应时间过短时，生物炭表面还未和疏水改性剂完全发生反应，置换到生物炭表面的疏水性官能团数量较少，使改性生物炭疏水性能下降；反应时间过长时，生物炭表面已经与疏水改性剂完全发生反应，改性生物炭疏水性能无明显提升。因此只有找到合适的改性时间，才能保证在所得生物炭疏水性能最佳的同时最大限度地节省时间与能源。为测试不同改性时间对生物炭疏水性能的影响，取 2 g 生物炭，设定浸泡反应时间分别为 2 h、4 h、6 h、8 h、10 h、12 h、14 h，过滤 30 min，在电热鼓风干燥箱中于 50℃温度下烘干 1 h，测试改性后生物炭的吸水率。

未改性生物炭的吸水率为 638.5%，如图 2.13 所示不同改性时间的生物炭吸水率分别为 579.44%、346.67%、286.67%、211.11%、144.44%、137.78%、148.44%，与未改性生物炭相比吸水率都有明显下降，其中改性时间为 2 h 的生物炭吸水率最高为 579.44%，随着反应时间的增加，吸水率逐渐下降，当改性时间达到 12 h 时，所得疏水生物炭的吸水率最低，为 137.78%。这是因为改性时间较短时，硅烷偶联剂中的疏水性官能团没有完全反应置换到生物炭表面，随着反应时间的延长，当改性时间大于 10 h 时，反应基本结束，12 h 时生物炭吸水率最低，说明改性时间为 12 h 时生物炭的疏水效果最佳。综上可知，生物炭的最佳改性反应时间应选定为 12 h。

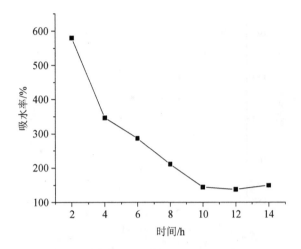

图 2.13  不同改性时间对生物炭吸水率的影响

### 2.5.5  干燥时间对其表面疏水性能的影响

为测试不同干燥时间对生物炭疏水性能的影响，采用前面得出的最佳改性条件，干燥时间分别为 1 h、2 h、3 h、4 h、5 h，其他试验条件不变，测试改性后生物炭的吸水率。

如图 2.14 所示，不同干燥时间所得改性生物炭的吸水率分别为 190.56%、180.00%、175.00%、155.56%、162.22%。随着干燥时间的延长，改性生物炭的吸水率逐渐降低，当干燥时间为 4 h 时疏水性生物炭的吸水率最低，可以达到 155.56%；4 h 之后，随着干燥时间的延长，疏水性生物炭的吸水率开始上升。因为干燥时间小于 4 h 时，疏水性生物炭未能完全干燥；4 h 之后，可能由于干燥时间过长，疏水基团开始受到破坏，导致吸水率增加。因此选定生物炭的干燥时间为 4 h。

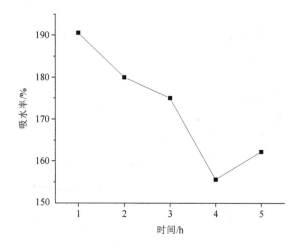

图 2.14　不同干燥时间对改性生物炭吸水率的影响

### 2.5.6　干燥温度对其表面疏水性能的影响

改性后的生物炭在干燥过程中，由于温度不仅影响干燥的速度，还可能对生物炭表面的疏水性基团造成影响，所以需要找出合适的疏水性生物炭干燥温度。

为测试不同干燥温度对生物炭疏水性能的影响，采用前文得出的最佳改性条件，当干燥温度低于 50℃时，需要完全干燥的时间过长，因此设定干燥温度分别为 50℃、70℃、90℃、110℃、130℃，其他试验条件不变，测试改性后样品的吸水率。

如图 2.15 所示，不同干燥温度改性生物炭的吸水率分别为 127.22%、179.44%、198.89%、255.00%、277.78%，当干燥温度为 50℃时，疏水生物炭的吸水率最低，可以达到 127.22%。随着干燥温度的升高，改性生物炭的吸水率增加，原因可能是随着干燥温度的升高，疏水基团开始受到破坏，导致吸水率增加。因此选定干燥温度为 50℃。

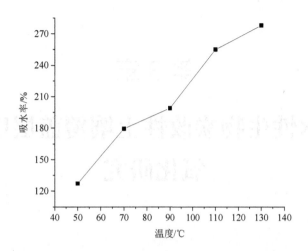

图 2.15　不同干燥温度对改性生物炭吸水率的影响

　　本章以水稻质生物炭为原料，以硅烷偶联剂 KH-570 作为化学改性剂，在已调节至酸性的醇水混合液中水解获得硅醇，后在加热条件下与生物炭表面发生接枝反应脱去水分子，得到表面疏水改性的生物炭。本章分析了 KH-570 质量分数、生物炭投加量、反应温度、改性时间、干燥时间及干燥温度对生物炭的疏水改性效果的影响。通过对不同条件下生物炭对水的接触角以及室内常温 24 h 吸湿率的比较分析，可以发现，当 KH-570 的质量分数为 7%，生物炭的投加量为 7 g，反应温度为 60℃，改性时间为 12 h，干燥时间为 4 h，干燥温度为 50℃时，KH-570 对生物炭的疏水改性效果最好。结合改性前后生物炭的 TG 分析、XRD 分析、FT-IR 分析和 SEM 分析，结果表明，此时生物炭表面的亲水基团—OH 已经完全被 KH-570 的疏水基团所替代，以化学键合的方式在生物炭表面形成疏水性的有机覆盖层，致使生物炭表面由亲水性转变为疏水性。

# 第3章

# 疏水性生物炭改性土壤覆盖层甲烷氧化研究

　　生活垃圾填埋场在稳定化过程中会产生大量的 $CH_4$，大型生活垃圾填埋场多对 $CH_4$ 气体进行管道收集后，并资源化利用。而中小型生活垃圾填埋场以及封闭的填埋场，由于 $CH_4$ 产生不稳定且浓度较低，无法实现资源化利用，多采用填埋场覆盖层减排技术。根据覆盖材料的不同，填埋场覆盖工艺主要分为采用高密度聚乙烯 HDPE 膜的膜覆盖和采用生物覆盖材料覆盖两种。其中，膜覆盖工艺可减少填埋场 $CH_4$ 的逸散，但也会阻止空气中 $O_2$ 的进入，缺乏生物覆盖层对 $CH_4$ 的有效氧化，使 $CH_4$ 减排受到影响。而生物覆盖层材料生物炭因其较大的孔隙率和比表面积，有利于 $CH_4$ 和 $O_2$ 的扩散以及微生物的附着生长，具有较好的 $CH_4$ 减排效果。因此利用生物覆盖层 $CH_4$ 氧化实现 $CH_4$ 减排对于我国大部分生活垃圾填埋场，特别是中小型生活垃圾填埋场是有效可行的方法。生物炭表面积大、孔隙率大，添加到土壤中可以增加土壤的蓄水能力和表面吸附能力。同时，有很多研究证明在添加了生物炭的土壤中，甲烷氧化菌的丰度更高，且其 $CH_4$ 氧化能力随着生物炭添加量的增加而提高。然而在覆盖层中添加孔隙率较大的生物炭也会使覆盖层的水力传导率增加，当遇到多雨的天气时，水力传导率的增加会促进雨水进入覆盖层。然而填埋场覆盖层除需防止气体外逸外，还需防止雨水进入。根据疏水材料防水透气的原理，对生物炭进行疏水改性，并将其添加至土壤覆盖层中，有望实现在防止雨水进入覆盖层的同时，既有利于 $CH_4$ 的扩散和吸附，又有利于 $O_2$ 从大气中进入覆盖层。

为了解决生物炭改性土壤覆盖层 $CH_4$ 氧化技术促进 $CH_4$ 和 $O_2$ 扩散与防止雨水进入覆盖层存在矛盾的问题，本章将改性后的疏水性生物炭添加至土壤覆盖层，同时设置土壤覆盖层、生物炭土壤覆盖层对照组，研究疏水生物炭土壤覆盖层的 $CH_4$ 氧化效果，以期为其应用提供理论依据。

## 3.1　试验装置

本试验搭建了 3 个相同规格的 PVC 填埋场覆盖层模拟柱，柱高 1 m，直径 15 cm，详见图 3.1。从下到上分别为渗水层、砾石层、覆盖层和空气层。渗水层高 15 cm，当覆盖层中水分过多，可通过砾石层排入渗水层再通过管道排出系统。砾石层高 10 cm，由粒径为 1 cm 左右的鹅卵石构成，对覆盖层起到支撑和排水的作用。覆盖层高 60 cm，用于装填覆盖材料。空气层高 10 cm，主要起模拟大气层空气流动的作用。模拟柱的最上方为模拟降水装置，可定量模拟降水。模拟填埋气通过管道从柱子最底部的进气口经过转了流量计、加湿器以一定速率通入砾石层下部的管道，管道上布有大量大小相同并且分布均匀的小孔，使模拟填埋气能均匀地经过砾石层的缓冲进入覆盖层。空气通过鼓风机鼓入管道，经过转子流量计、空气加湿器进入模拟柱右侧最上方的进气口。模拟柱外部还设有水浴循环控温装置，可控制模拟柱的外部环境温度。除了模拟柱左部最上方的出气口处设有的 0 号取样口，覆盖层前侧也设置了 9 个取样口，从上至下依次编号为 1～9，相邻取样口之间的间隔为 5 cm，用于收集气体和土壤样品。试验装置实物见图 3.2。

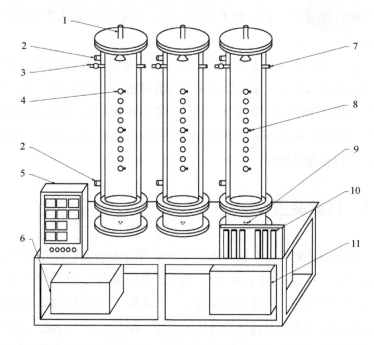

1. 加水喷头；2. 水浴循环口；3. 出气口；4. 取样口；5. 电控箱；6. 加水箱；
7. 空气进气口；8. 温度探头；9. $CH_4$进气口；10. 玻璃转子流量计；11. 水浴箱

**图 3.1　填埋场覆盖层 $CH_4$ 模拟柱试验装置结构示意图**

图 3.2　填埋场覆盖层 $CH_4$ 氧化模拟柱试验装置实物

## 3.2　反应器的搭建与运行

### 3.2.1　试验材料和反应器的搭建

　　试验所用土壤取自桂林山口填埋场覆盖膜下长期接触沼气的土壤（接触时间约 1 年）。覆盖膜下沼气浓度较高且土壤与填埋气长期接触，因此土壤中含有较多甲烷氧化菌，可以缩短试验前期甲烷氧化菌培养和驯化的时间。将取回的土壤样品用 30 目筛进行筛分，去除土壤中的垃圾和较大的石块。按第 2 章试验所得最佳生物炭疏水改性反应条件制备改性生物炭，并将生物炭和土壤、疏水性生物炭和土壤按照体积比 1∶4 均匀混合得到覆盖材料生物炭改性土壤和疏水性生物炭改性土壤。反应器底部填充的砾石为试验专用砾石，经清洗、烘干后分别填充到 3 根模拟反应柱的砾石层。1 号模拟反应柱覆盖层为土壤，2 号模拟反应柱覆盖层为生物炭改性土壤，3 号模拟反应柱覆盖层为疏水性生物炭改性土壤。

### 3.2.2　填埋场覆盖层 $CH_4$ 氧化模拟反应器的运行

3 根反应柱底部模拟填埋气由 $CO_2$、$CH_4$、$N_2$ 组成，其中 $CO_2$ 和 $CH_4$ 体积比为 1∶1。模拟填埋气的通入速率相同，均为 13～15 mL/min，反应器上部通入空气，进气速率为 50 mL/min，以模拟自然的大气流动。每根柱子外部都有水浴循环，将柱温维持在 25℃ 左右。反应器通入 $CH_4$ 含量不同的模拟填埋气，进行 $CH_4$ 氧化试验。气体样品用 100 mL 集气袋进行收集，利用 GC-7890 气相色谱仪对样品气体中的 $CH_4$ 进行分析。每次测试前先用标准气体进行试验，确保测试结果与标准气体基本相同，以保证测试结果的准确性，等反应器稳定后进行不同运行工况下的 $CH_4$ 氧化试验。

## 3.3　覆盖材料理化性质分析

土壤、生物炭改性土壤和疏水性生物炭改性土壤的理化性质如表 3.1 所示，测试方法参照《土工试验方法标准》（GB/T 50123—2019）及《土壤学实验指导》（林大仪 主编）测定。

表 3.1　3 种覆盖材料的理化性质

| 指标 | 项目 | | |
|---|---|---|---|
| | 土壤 | 生物炭改性土壤 | 疏水性生物炭改性土壤 |
| pH | 5.57 | 8.18 | 7.46 |
| 击实最大干密度/（g/cm³） | 1.94 | 1.56 | 1.58 |
| 塑限/% | 17 | 32 | 36 |
| 液限/% | 27 | 53 | 45 |
| 塑性指数 | 10 | 21 | 9 |
| P/% | 0.08 | 0.1 | 0.09 |
| K/% | 0.15 | 0.19 | 0.21 |
| 有机质含量/% | 4.1 | 14.75 | 14.93 |

　　从填埋场采回的土壤为黏质土，含有少量砂石，由表 3.1 可知，土壤 pH 为 5.57，呈弱酸性，生物炭改性土壤和疏水性生物炭改性土壤呈碱性，添加到土壤中后所得覆盖材料的 pH 均有所提升，生物炭改性土壤的 pH 为 8.18，呈弱碱性，疏水性生物炭改性土壤的 pH 为 7.46，接近中性。击实最大干密度与固体颗粒大小有关，固体颗粒越细，击实最大干密度越小。因为生物炭颗粒小于土壤颗粒，所以添加生物炭后的覆盖材料击实最大干密度都小于土壤，而覆盖材料越细，比表面积越大，越有利于 $CH_4$ 的吸附。

　　液限、塑限及塑性指数在土力学中是评价黏性土的主要指标。同一种黏性土因其含水率的不同而分别处于固态、半固态、可塑状态及流动状态。由半固态转到可塑状态的界限含水率称为塑限；由可塑状态到流动状态的界限含水率称为液限。液限和塑限可采用液限、塑限联合测定法测定。用光电式液限、塑限联合测定仪测定土在 3 种不同含水率时的圆锥入土深度，在双对数坐标纸上绘制圆锥入土深度与含水率的关系直线。在直线上查得圆锥入土深度为

17 mm [《土工试验方法标准》（GB/T 50123—2019）] 或 10 mm [《建筑地基基础设计规范》（GB 50007—2011）] 处相应的含水率为液限，入土深度为 2 mm 处相应的含水率为塑限。塑性指数是指液限与塑限之间的差值，习惯上用不带%的数值表示。塑性指数越大，表明土的颗粒越细，比表面积越大，土的黏粒或亲水矿物（如蒙脱石）含量越高，土处在可塑状态的含水量变化范围就越大，也就是说塑性指数能综合反映土的矿物组成和颗粒大小。

由表 3.1 可知，疏水性生物炭改性土壤的塑性指数最小，为 9；土壤的塑性指数介于生物炭改性土壤和疏水性生物炭改性土壤之间，为 10；生物炭改性土壤的塑性指数远大于土壤和疏水性生物炭改性土壤，为 21。因为目前所用的大部分生物炭，在使用前往往经过活化，因而会引入羟基、羧基等亲水性基团，导致生物炭表现出亲水性，土壤在添加生物炭后，亲水物质含量大幅增加，并且生物炭颗粒小于土壤颗粒，生物炭颗粒越细、比表面积越大、塑性指数越大，因此生物炭改性土壤的塑性指数远大于土壤。对比生物炭改性土壤，土壤在添加疏水改性生物炭后，塑性指数不仅没有增加，还有所降低，说明经过疏水改性后，疏水性官能团确实通过接枝反应置换到了生物炭表面，生物炭由亲水性转变为疏水性。

疏水性生物炭改性土壤的击实最大干密度和塑性指数均小于土壤，证明土壤在添加疏水性生物炭后，不仅孔隙率和比表面积增大，有利于甲烷氧气的流通和吸附，而且加强了土壤的疏水性能。

生物炭改性土壤和疏水性生物炭改性土壤的磷、钾及有机质含量相差不大，但钾及有机质含量比土壤本身有明显提升，这样更有利于微生物的生长和繁殖，增加微生物数量，加快覆盖层 $CH_4$ 氧化速率。

## 3.4　不同运行条件下各反应柱的 $CH_4$ 氧化情况

### 3.4.1　$CH_4$ 含量为 5% 时的氧化情况

图 3.3 和图 3.4 分别为 $CH_4$ 含量为 5% 时各模拟反应柱尾气的 $CH_4$ 含量和 $CH_4$ 去除率随时间的变化情况，运行条件如前文所述，采集出气口尾气时停止通入空气，防止 $CH_4$ 被稀释，每 5 d 取样 1 次。

由图 3.3 可以看出，在试验开始时，3 个柱子的甲烷浓度均呈现下降趋势。生物炭改性土壤覆盖层尾气 $CH_4$ 含量最低，为 1.12%，这是由于土壤中加入生物炭后，对 $CH_4$ 的吸附能力大大加强，同时土壤中 P、K 及有机质含量增加，更有利于甲烷氧化菌的生长和繁殖，而疏水性生物炭改性土壤覆盖层尾气中 $CH_4$ 含量最高，为 4%，可能是由于改性生物炭中残留的改性剂（硅烷偶联剂 KH-570）具有微毒性，同时置换到生物炭表面的疏水性官能团对甲烷氧化菌有抑制作用。随着反应器的运行，各反应柱尾气的 $CH_4$ 含量都逐渐降低，且第 10～20 d，疏水性生物炭改性土壤覆盖层尾气的 $CH_4$ 含量下降幅度最大，第 15 d 时，疏水性生物炭改性土壤覆盖层尾气的 $CH_4$ 含量低于土壤覆盖层，可能是因为甲烷氧化菌经过一段时间的驯化，逐渐适应新的环境，$CH_4$ 氧化能力迅速提升。第 20～30 d，各反应柱尾气的 $CH_4$ 含量下降较为缓慢。第 30 d 时，生物炭改性土壤覆盖层和疏水性生物炭改性土壤覆盖层中的 $CH_4$ 基本全部被氧化，尾气的 $CH_4$ 含量分别为 0.05% 和 0.06%。

相应地，3 个柱子的 $CH_4$ 去除率呈上升趋势。生物炭改性土壤覆盖层和疏水性生物炭改性土壤覆盖层 $CH_4$ 去除率分别为 99% 和

98.8%，相差不大；土壤覆盖层 $CH_4$ 去除率最低，为96%。

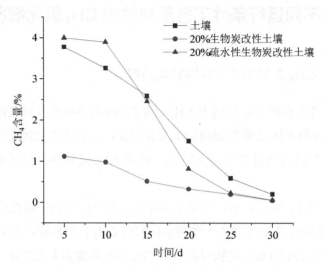

图3.3　各反应柱尾气 $CH_4$ 含量随时间的变化

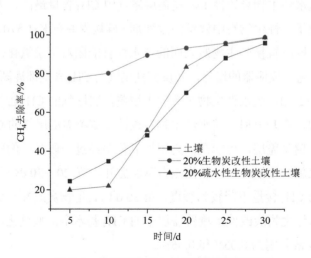

图3.4　各反应柱 $CH_4$ 去除率随时间的变化

### 3.4.2　CH$_4$含量为 15%时的氧化情况

图 3.5 和图 3.6 分别为 CH$_4$含量 15%时各模拟反应柱尾气 CH$_4$含量和 CH$_4$去除率随时间的变化情况，除 CH$_4$含量外运行条件与前文相同。

由图 3.5 可以看出，随着反应器的运行，3 个柱子的 CH$_4$浓度都呈现下降趋势。在试验开始时，生物炭改性土壤覆盖层尾气 CH$_4$含量最低，为 7.28%，疏水性生物炭改性土壤覆盖层尾气 CH$_4$含量为 10.71%，而土壤尾气中 CH$_4$含量最高，为 12.44%。这是由于添加疏水改性生物炭后，覆盖层的孔隙率和比表面积增加，与土壤覆盖层相比，其提升了 CH$_4$的氧化能力，但残留的疏水改性剂和改性生物炭表面的疏水性官能团对甲烷氧化菌依然存在抑制作用，导致 CH$_4$氧化效果比生物炭改性土壤覆盖层差。随着反应器的运行，各反应柱尾气的 CH$_4$含量都逐渐降低，前 10 d，各反应柱 CH$_4$去除率提升较快，第 10 d 土壤与生物炭改性土壤覆盖层 CH$_4$氧化能力提升减缓，而疏水性生物炭改性土壤覆盖层 CH$_4$氧化能力提升依然较快，可能是因为残留改性剂和改性生物炭表面的疏水性官能团对甲烷氧化菌的抑制作用越来越小。

相应地，3 根柱子的 CH$_4$去除率呈上升趋势，且疏水性生物炭改性土壤覆盖层 CH$_4$去除率一直快速提升，开始时，生物炭改性土壤覆盖层和疏水性生物炭改性土壤覆盖层 CH$_4$去除率分别为 51.67% 和 28.6%，相差 23.07%，第 30 d 时，生物炭改性土壤覆盖层和疏水性生物炭改性土壤覆盖层 CH$_4$去除率分别为 79.2%和 68.4%，相差 10.8%，两种覆盖材料 CH$_4$去除率差距逐渐减小。所以推测随着反应器的运行，疏水性生物炭改性土壤覆盖层 CH$_4$氧化效率还将继续提升，且最终与生物炭改性土壤覆盖层相差不大。

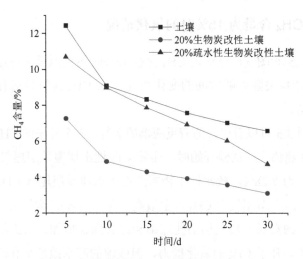

图 3.5　各反应柱尾气 CH₄ 含量随时间的变化

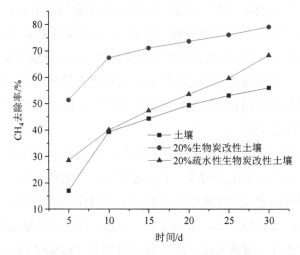

图 3.6　各反应柱 CH₄ 去除率随时间的变化

### 3.4.3　$CH_4$ 含量为 25% 和 35% 时的氧化情况

为了探究 $CH_4$ 含量更高时的氧化情况，本节将生物炭、疏水性生物炭、氮化硅分别与土壤均匀混合后得到 3 种不同的覆盖层材料，分别为生物炭改良土壤覆盖层（RB）、疏水性生物炭改良土壤覆盖层（RH）和无机陶瓷材料改良土壤覆盖层（RC）。模拟填埋气由 $CO_2$、$CH_4$、$N_2$ 组成，其中 $CO_2$：$CH_4$=1：1（体积比）。图 3.7 和图 3.8 分别为当通入的模拟填埋气中 $CH_4$ 浓度为 25% 和 35% 时，RB、RH、RC 3 组覆盖层模拟柱尾气的 $CH_4$ 含量及其去除率随柱深的变化情况，通入速率为 15 mL/min，环境温度为 25℃。

由图 3.7（a）可知，当模拟填埋气中的 $CH_4$ 浓度为 25% 时，3 组覆盖层模拟柱的 $CH_4$ 含量均随着柱深的增加而增加。在覆盖层深度 0～10 cm 处，疏水性生物炭改良土壤覆盖层（RH）模拟柱的 $CH_4$ 含量最低，其次是生物炭改良土壤覆盖层（RB）模拟柱和无机陶瓷材料改良土壤覆盖层（RC）模拟柱。但是模拟柱深度大于 25 cm 后，RB 的 $CH_4$ 含量最低，其次是 RH 和 RC，推测是因为生物炭的大比表面积与大孔隙率利于 $CH_4$ 和 $O_2$ 扩散，从而促进了 $CH_4$ 的氧化。RB、RH、RC 的出口 $CH_4$ 含量分别为 0.74%、0.22% 和 6.07%，RH 的出口 $CH_4$ 含量最低，其次是 RB 和 RC，且 RB 的出口 $CH_4$ 含量远低于 RC。由图 3.7（b）可知，RB、RH、RC 的 $CH_4$ 总去除率分别为 97.05%、99.13% 和 75.70%。RB 和 RH 在覆盖层深度 50～60 cm 处的 $CH_4$ 去除量最大，其次是 30～40 cm 处，RC 在覆盖层深度 30～35 cm 处的 $CH_4$ 去除量最大，其次是 25～35 cm 处。

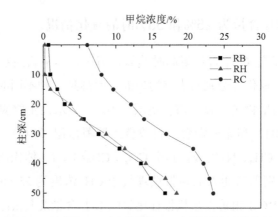

（a）CH₄浓度为25%时各模拟柱CH₄含量随柱深变化情况

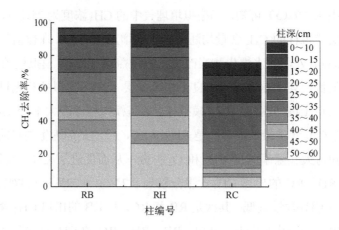

（b）CH₄浓度为25%时各模拟柱CH₄去除率随柱深的变化情况

**图 3.7　CH₄浓度为 25%时各模拟柱 CH₄含量及其去除率随柱深的变化情况**

　　由图 3.8（a）可知，当模拟填埋气中的 CH₄浓度增大到 35%时，3 组模拟柱的 CH₄含量依然均随着柱深的增加而增加。疏水性生物炭改良土壤覆盖层（RH）模拟柱的 CH₄含量最低，其次是生物炭改良土壤覆盖层（RB）模拟柱和无机陶瓷材料改良土壤覆盖层（RC）模拟柱，在柱深 0～10 cm 处，RB、RH 和 RC 的 $CH_4$ 含量分别为 1.47%、0.17%和 12.26%。由图 3.8（b）可知，RB、RH、RC 对 $CH_4$ 的总去除率分别为 95.80%、99.50%和 64.98%，RH 对 $CH_4$ 的去除率最高，其次是 RB 和 RC。RB 和 RH 的 $CH_4$ 去除主要集中于柱深的 50～60 cm，其次是 35～45 cm，RC 的 $CH_4$ 去除主要集中于柱深的 50～60 cm，其次是 0～10 cm。随着模拟填埋气中 $CH_4$ 浓度的增大，RB 和 RC 对 $CH_4$ 的去除率均有所降低，而 RH 对 $CH_4$ 的去除率有所增大，可能是因为生物炭经改性后降低了团聚性，透气性更强，更适合甲烷氧化菌的生长繁殖，所以 $CH_4$ 浓度增大，促进其氧化效率。与 RB 相比，RC 对 $CH_4$ 的去除效果较差，对比两柱 $CH_4$ 去除效果，推测生物炭提高土壤覆盖层的 $CH_4$ 氧化效率的机理是多孔结构和营养物质共同作用的结果。生物炭既能够吸附 $CH_4$，为甲烷氧化菌提供居所，促进其生长和活性，又含有促进甲烷氧化菌的生长与繁殖的营养物质，从而促进 $CH_4$ 氧化。

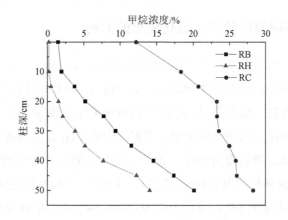

（a）$CH_4$ 浓度为 35%时各模拟柱 $CH_4$ 含量随柱深的变化情况

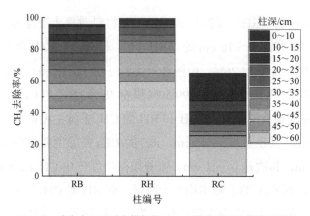

（b）CH₄浓度为35%时各模拟柱CH₄去除率随柱深的变化情况

图3.8　CH₄浓度为35%时各模拟柱CH₄含量及其去除率随柱深的

变化情况

## 3.5　不同因素对CH₄氧化效果的影响

### 3.5.1　不同温度对CH₄氧化效果的影响

图3.9为当模拟填埋气以35%的CH₄浓度、20 mL/min的速率通入时，在不同温度下生物炭改良土壤覆盖层（RB）模拟柱、疏水性生物炭改良土壤覆盖层（RH）模拟柱的CH₄含量及其去除率随柱深的变化情况。由图3.9可知，模拟柱中的CH₄含量均随着柱深的增加而增加。当温度为20℃、25℃、30℃、35℃和40℃时，RB的出口CH₄含量分别为2.43%、2.27%、1.44%、1.58%和2.84%，CH₄去除率分别为93.05%、93.52%、95.89%、95.49%和91.89%，柱深50～60 cm处为RB去除CH₄的主要承担区域，30℃时RB的CH₄含量最低，CH₄去除率最高。当温度低于或高于30℃时，CH₄去除

率降低，可能是因为 30℃为 RB 中微生物最适生长温度。有研究表明，嗜甲烷菌生长的最适宜温度约为 30℃，当温度低于或高于最适温度时，微生物活性随着温度的变化逐渐降低，$CH_4$ 去除率也随之降低。当温度为 20℃、25℃、30℃、35℃和 40℃时，疏水性生物炭改良土壤覆盖层模拟柱 RH 的出口 $CH_4$ 含量分别为 0.57%、0.29%、0.01%、0.05%和 0.50%，$CH_4$ 去除率分别为 98.38%、99.18%、99.96%、99.86%和 98.58%，柱深 50～60 cm 处为 RH 去除 $CH_4$ 的主要承担区域，在温度为 20～40℃时，RH 对 $CH_4$ 的去除达到了很好的效果，在 30℃时去除率达到最高，和 RB 的最适温度相同，可能是因为 30℃为 RH 中微生物的最适生长温度。相较于 RB，RH 对 $CH_4$ 的去除效果更好，在 30℃时最高达到了 99.96%，可能是因为生物炭经疏水改性后降低了颗粒之间的团聚性，增大了孔隙率，促进了 $CH_4$ 和 $O_2$ 在覆盖层中的扩散和微生物的附着。

综上所述，RB 和 RH 去除 $CH_4$ 的最适温度均为 30℃，此时去除率分别为 95.89%和 99.96%，其 $CH_4$ 去除均主要发生在覆盖层深度 50～60 cm 处。且相较于 RB，RH 对 $CH_4$ 的去除效果更好。

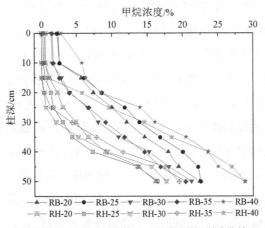

（a）不同温度下 RB、RH 的 $CH_4$ 含量随柱深的变化情况

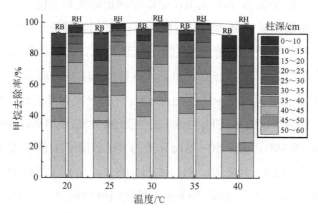

（b）不同温度下 RB、RH 的 $CH_4$ 去除率随柱深的变化情况

**图 3.9　不同温度下 RB、RH 的 $CH_4$ 含量及其去除率随柱深的变化情况**

### 3.5.2　不同深度对 $CH_4$ 氧化效果的影响

图 3.10 和图 3.11 分别是 3 根模拟反应柱 $CH_4$ 含量随深度变化的试验结果，取样口从上到下依次编号为 0～9，相邻取样口之间的间隔为 7 cm。由图 3.10 和图 3.11 可知，$CH_4$ 含量由下到上逐渐降低，6～9 号取样口的 $CH_4$ 氧化效率较低，6 号取样口往上，随着深度的减小，$CH_4$ 氧化效率不断提高，$CH_4$ 含量迅速减低，在出气口 $CH_4$ 含量达到最低。且同一深度，生物炭改性覆盖层与疏水性生物炭改性覆盖层的 $CH_4$ 氧化效果相差不大，与土壤覆盖层相比有明显提升。因为甲烷氧化菌大部分为好氧微生物，当覆盖层深度为大于 42 cm 时，主要为厌氧和兼性厌氧甲烷氧化菌氧化甲烷，所以 $CH_4$ 氧化效率较低。当覆盖层深度小于 42 cm 时，氧气含量增加，好氧甲烷氧化菌开始发挥作用，随着深度的降低，氧气含量越来越高，好氧甲烷氧化菌活性越来越高，$CH_4$ 氧化效率迅速提升。同时，生物炭改性覆盖层与疏水性生物炭改

性覆盖层的孔隙度比土壤覆盖层大，更有利于空气中氧气的进入，因此氧化效果更好，并且 $CH_4$ 的最佳氧化深度应该不小于 42 cm。

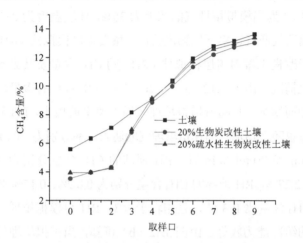

图 3.10    各反应柱 $CH_4$ 含量随深度的变化

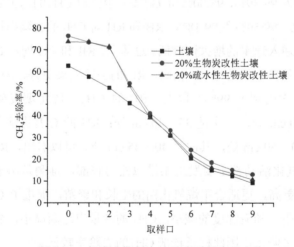

图 3.11    各反应柱 $CH_4$ 去除率随深度的变化

### 3.5.3　不同模拟填埋气通入速率对 $CH_4$ 氧化效果的影响

图 3.12 为当模拟填埋气的浓度为 35%，环境温度为 25℃时，不同模拟填埋气通气速率下生物炭改良土壤覆盖层模拟柱（RB）、疏水性生物炭改良土壤覆盖层模拟柱（RH）的 $CH_4$ 含量及其去除率随柱深的变化情况。由图 3.12（a）可知，模拟柱中的 $CH_4$ 含量均随着柱深的增加而增加，且随着模拟填埋气通入速率的增大，RB 和 RH 的 $CH_4$ 含量也随之增加。当模拟填埋气的通入速率分别为 10 mL/min、15 mL/min 和 20 mL/min 时，RB 顶部的 $CH_4$ 含量分别为 0.04%、0.96%和 2.27%，RH 顶部的 $CH_4$ 含量分别为 0.02%、0.17%和 0.29%，RH 的 $CH_4$ 含量比 RB 低，且相较于 RB，RH 对模拟填埋气通入速率增大的缓冲能力较好。由图 3.12（b）可知，当模拟填埋气的通入速率为 10 mL/min、15 mL/min 和 20 mL/min 时，RB 对 $CH_4$ 的总去除率分别为 99.89%、95.80%和 93.52%，RH 对 $CH_4$ 的总去除率分别为 99.94%、99.50%和 99.18%，RB 和 RH 对 $CH_4$ 的去除率均随着模拟填埋气通入速率的增大而降低。总体上，RB 和 RH 均对 $CH_4$ 有良好的去除效果，但是与 RB 相比，RH 的去除效果更好，RH 对 $CH_4$ 的去除率均达到了 99%及以上。RB 的 $CH_4$ 去除主要发生在柱深为 50～60 cm 处，其次是 35～40 cm 处；RH 的 $CH_4$ 去除主要发生在柱深 50～60 cm 处，其次是 40～45 cm 处。可以看出，RB 和 RH 的 $CH_4$ 氧化活动都主要发生在模拟柱的底部，推测是由于底部的 $CH_4$ 浓度更高，更适合甲烷氧化菌的生长和繁殖，促进了 $CH_4$ 氧化行为的发生，随着深度的减小，$CH_4$ 的含量也逐渐减小，微生物的活性也随之降低，因此柱子顶部 $CH_4$ 的去除率较低。

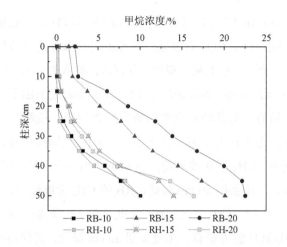

（a）不同通气速率下 RB、RH 的 CH₄ 含量随柱深的变化情况

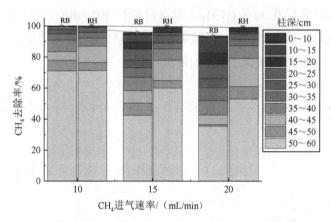

（b）不同通气速率下 RB、RH 的 CH₄ 去除率随柱深的变化情况

图 3.12　不同通气速率下 RB、RH 的 $CH_4$ 含量及其去除率随柱深的变化情况

### 3.5.4　稳定体系各覆盖层内气体组分沿程分布情况

在试验末期，分别从各覆盖层的 0 cm（出气口）、10 cm（1 号

取样口)、30 cm（5 号取样口)、50 cm（9 号取样口）处抽取气体样
品检测 $CH_4$、$O_2$、$CO_2$ 的含量，各覆盖层模拟柱的气体组分沿程分
布如图 3.13 所示。$CH_4$ 从模拟柱底部通入，通入的 $CH_4$ 含量为 25%。
由图 3.13（a）可知，各覆盖层中 $CH_4$ 含量均表现出由下至上不断降
低的变化趋势，与其他研究者的研究结果相似，推测是由于各覆盖
层各深度处均含有大量甲烷氧化菌，在 $CH_4$ 从模拟柱底部穿过覆盖
层的过程中，$CH_4$ 不断被氧化，因此表现出其含量由下至上不断降
低的趋势。在覆盖层 50 cm 深处，RB 的 $CH_4$ 含量最少，RH 的 $CH_4$
含量次之，RS 的 $CH_4$ 含量最高，由此可知，在覆盖层 50 cm 深处，
RB 的 $CH_4$ 氧化能力最强。在覆盖层 30 cm 深处，仍保持与 50 cm 处
的变化趋势一致，$CH_4$ 含量为 RB＜RH＜RS。至覆盖层 10 cm 深处以
及覆盖层表层 0 cm 处，$CH_4$ 含量均为 RH＜RB＜RS，由此可知，经
过长期驯化后，RH 的上层部分的 $CH_4$ 氧化能力得到明显提升，表
现出 $CH_4$ 氧化效果强于 RB 的趋势。

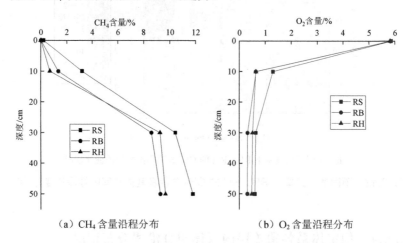

（a）$CH_4$ 含量沿程分布　　　　　（b）$O_2$ 含量沿程分布

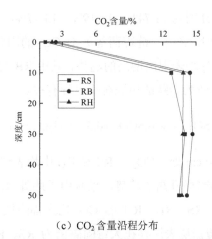

（c）$CO_2$ 含量沿程分布

**图 3.13　气体组分在不同覆盖层模拟柱内的沿程分布情况**

本试验的空气是从模拟柱顶部通入，进入覆盖层后，由于 $CH_4$ 被氧化，$O_2$ 含量在覆盖层由上至下不断减少［图 3.13（b）］。在覆盖层表层处 0 cm，RS、RB、RH 的 $O_2$ 含量均在 5.8%左右，至覆盖层 10 cm 处，$O_2$ 的消耗量最大，与其他研究者的研究结果相似。其中 RH 的 $O_2$ 含量最低，为 0.641%，RB 次之，为 0.643%，RS 最高，为 1.296%。由此可知，RH 的表层 0～10 cm 处 $O_2$ 消耗量较大，RS 的表层 0～10 cm 处则消耗最少，与 $CH_4$ 减少的变化趋势一致。至覆盖层 30 cm 处，$O_2$ 含量为 RB＜RH＜RS，与 $CH_4$ 的变化趋势一致，推测此处 RB 的 $CH_4$ 氧化能力最强。至覆盖层 50 cm 深处，$O_2$ 含量减少不明显，RS、RB、RH 的 $O_2$ 含量分别为 0.60%、0.32%、0.49%，反应体系处于相对缺氧状态。

本试验 $CO_2$ 气体作为辅助气体，从模拟柱底部与 $CH_4$ 一同进入覆盖层，其通入量为 20%，$CO_2$ 表现出沿覆盖层由下至上含量先略微增大后不断降低［图 3.13（c）］。在覆盖层 50 cm 处，RS、RB、

RH 的 $CO_2$ 含量分别为 13.74%、14.19%、13.47%，说明覆盖层中存在固碳菌（如产甲烷菌、链霉菌等）对 $CO_2$ 的固定消耗。至覆盖层 30 cm 处，$CO_2$ 均表现出增高的趋势，其中 RB 的 $CO_2$ 含量最高，可能与此处以下较为活跃的甲烷氧化过程有关。

$$CH_4 + 1.5O_2 \longrightarrow 0.5CO_2 + 0.5—CH_2O—+1.5H_2O \qquad （3-1）$$

至覆盖层 10 cm 处，$CO_2$ 在 RS 和 RB 中均表现出降低的趋势，而 RH 则表现出略微升高的趋势，推测由于此处 RH 的 $CH_4$ 氧化过程较活跃。随后 RS、RB、RH 的 $CO_2$ 均大幅降低至覆盖层表层的 2%左右，推测覆盖层表层存在大量固碳菌为 RS、RB、RH 中微生物的生长繁殖提供了充足的碳源。值得注意的是，相比于各覆盖层大幅消耗的 $CH_4$，$CO_2$ 的产生量较少，一方面可能因为反应体系内存在固碳菌；另一方面部分 $CH_4$ 氧化可能并未完全生成 $CO_2$，而生成了中间产物（如 $CH_3OH$、HCHO、HCOOH 等）。

### 3.5.5　模拟柱反应前后的 SEM 分析

图 3.14（a）、（b）分别为生物炭改良土壤覆盖层模拟柱（RB）反应前后的 SEM 照片，图 3.15（a）、（b）分别为疏水性生物炭改良土壤覆盖层模拟柱（RH）反应前后的 SEM 照片，图 3.16（a）、（b）分别为无机陶瓷材料改良土壤覆盖层模拟柱（RC）反应前后的 SEM 照片。由图 3.14 可知，表面有一些矿化和微生物残留。由图 3.15（a）、（b）可知，与生物炭相似，反应后的疏水性生物炭表面比反应前多了很多团聚性物质，应该是矿化物质和微生物残留。由图 3.16（a）、（b）可知，无机陶瓷材料在反应前的结构松散，反应后出现大量团聚现象，推测是因为微生物的生长繁殖和一些矿化物质的形成。

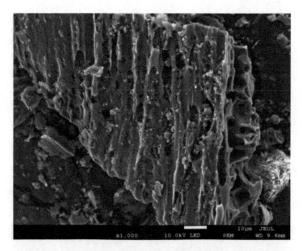

（a）RB 反应前（10 μm）

（b）RB 反应后（10 μm）

图 3.14　RB 反应前后的 SEM 照片

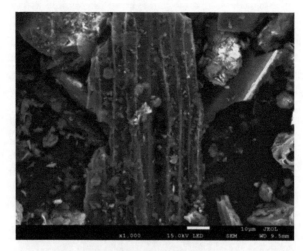

（a）RH 反应前（10 μm）

（b）RH 反应后（10 μm）

图 3.15　RH 反应前后的 SEM 照片

（a）RC 反应前（10 μm）

（b）RC 反应后（10 μm）

图 3.16　模拟柱反应前后的 SEM 照片

## 3.6  模拟降水后各覆盖层疏水性能及CH₄氧化情况

### 3.6.1  模拟降水透过各覆盖层所用时间

为了模拟自然状态下降水对各覆盖层的影响，反应体系稳定后，通过各反应柱顶端的喷头，同时向柱内加入 5 L 水，水从喷头均匀地洒向覆盖层，模拟自然降水。利用秒表从喷头开始喷水计时到各模拟柱渗水层开始有水流出结束，其中生物炭土壤覆盖层（RB）时间最长，为 101.23 s，传统土壤覆盖层（RS）时间最短，为 46.35 s，疏水性生物炭土壤覆盖层（RH）时间为 50.55 s。推测因为生物炭本身表现为亲水性，且具有较高的孔隙率，当雨水进入覆盖层后，水分被生物炭快速吸附，使得水在覆盖层的停留时间较长。而疏水性生物炭土壤覆盖层（RH）虽然因为生物炭的存在使得孔隙率增加，但疏水基团的存在使得疏水性能得到了大幅提升，因此水在覆盖层的停留时间大幅减小。而传统土壤覆盖层由于土壤与水的结合能力较差，孔隙度不及生物炭，因此雨水在覆盖层的停留时间最短。

同时为了研究自然条件连续降水天气下生物炭改良土壤覆盖层模拟柱（RB）和疏水性生物炭改良土壤覆盖层模拟柱（RH）的 CH₄ 氧化的变化情况，在一定条件下连续 5 d 每天通过顶部的花洒往柱内均匀倒入 5 L 水至覆盖层被完全浸透，当柱子底部的渗水层不再滴水时，取土样用重量法测定柱中的含水率，用环刀法测得柱中材料的渗透系数，结果如表 3.2 所示。图 3.17 为模拟降水稳定后改良土壤覆盖层模拟柱（RB）和疏水性生物炭改良土壤覆盖层模拟柱（RH）的 CH₄ 含量及其去除率随柱深的变化情况。

表 3.2　RB 和 RH 的含水率及渗透系数

| 反应柱 | 含水率/% | 渗透系数/（m/s） |
|---|---|---|
| RB | 31.22 | $1.15×10^{-7}$ |
| RH | 22.68 | $7.68×10^{-8}$ |

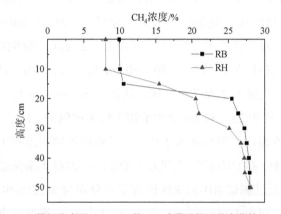

（a）模拟降水后 RB、RH 的 $CH_4$ 含量随柱深的变化情况

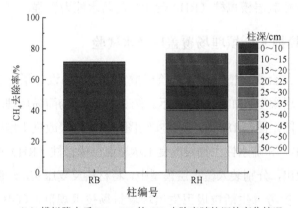

（b）模拟降水后 RB、RH 的 $CH_4$ 去除率随柱深的变化情况

图 3.17　模拟降水后 RB、RH 的 $CH_4$ 含量及其去除率随柱深的变化情况

由图 3.17（a）可知，降水后，在柱深 0～10 cm 处，RH 的 $CH_4$ 含量低于 RB，在柱深 15 cm 处，RH 的 $CH_4$ 含量高于 RB，在柱深 15 cm 以下，RH 的 $CH_4$ 含量低于 RB。由图 3.17（b）可知，生物炭改良土壤覆盖层模拟柱（RB）在柱深 15～20 cm 处的 $CH_4$ 去除率最高。生物炭改良土壤覆盖层模拟柱（RB）和疏水性生物炭改良土壤覆盖层模拟柱（RH）的出口 $CH_4$ 含量分别为 9.94% 和 8.05%，总 $CH_4$ 去除率分别为 71.59% 和 77.01%。柱深 15～20 cm 处为 RB 的 $CH_4$ 去除的主要承担区域，其次是 50～60 cm 处；柱深 10～15 cm 处为 RH 的 $CH_4$ 去除的主要承担区域，其次是 50～60 cm 处，柱中部的 15～20 cm 处和 25～30 cm 处也承担了较大比例的 $CH_4$ 去除。

综上所述，在模拟降水条件下，疏水性生物炭改良土壤覆盖层模拟柱（RH）对 $CH_4$ 的氧化能力大于生物炭改良土壤覆盖层模拟柱（RB），而经过测试 RB 和 RH 的含水率分别为 31.22% 和 22.68%，渗透系数分别为 $1.15×10^{-7}$ m/s 和 $7.68×10^{-8}$ m/s，说明疏水性生物炭改良土壤覆盖层模拟柱（RH）比 RB 的防水能力更强。

### 3.6.2 模拟实际填埋场覆盖层降水试验

为了结合实际情况，本试验模拟实际填埋场设计了一个简易填埋场覆盖层模型，如图 3.18 所示。图 3.18（a）为简易填埋场覆盖层模型示意图，图 3.18（b）为其实物图。将生物炭改良土壤覆盖层模拟柱（RB）和疏水性生物炭改良土壤覆盖层模拟柱（RH）中的覆盖层材料取出，分别装入覆盖层模型中，将材料反复压实，一侧与导水板齐平，参考《生活垃圾卫生填埋场封场技术规范》（GB 51220—2017）将顶部坡度调节为 7%。RB 和 RH 材料的初始含水率均调节到 22% 左右，在压实后的斜坡顶端模拟降水均匀洒入 2.5 L 的水，水从导水板流出到收集容器中，用量筒测量流出的水量。

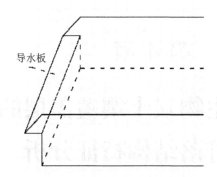

导水板

（a）简易填埋场覆盖层模型示意图

（b）简易填埋场覆盖层模型实物图

**图 3.18　简易填埋场覆盖层模型示意图及实物图**

　　测得 RB 中材料的渗入水量为 200 mL，RH 中材料的渗入水量为 20 mL，明显小于 RB，说明在实际填埋场中，经过一定的压实和坡度并在坡底配套排水管道或装置，生物炭经疏水改性后添加到土壤覆盖层中的防水能力明显优于改性前。

# 第 4 章

# 疏水性生物炭土壤覆盖层的
# 细菌群落结构特征分析

覆盖层中的 $CH_4$ 氧化实质上是微生物的作用，能够准确分析覆盖层中的微生物特征，特别是不同覆盖材料以及覆盖层不同深度的微生物群落特征，对于功能微生物的有效调控利用以及甲烷的减排具有重要意义。何芝等采用第二代高通量测序技术研究了不同地区生活垃圾填埋场覆盖层的微生物特征，发现不同垃圾填埋场覆盖层的微生物多样性和群落结构有差别，而 Julia Gebert 等采用末端限制性片段长度（T-RFLP）技术对德国北部和东部 5 个垃圾填埋场土壤覆盖层中甲烷氧化菌群落的组成进行了研究，研究结果表明甲烷氧化菌组成在不同的覆盖土中无显著差异。王峰等基于磷脂脂肪酸（PLFA）的微生物群落结构分析表明，Ⅰ 型菌在深层分布较多，随着 $CH_4$ 氧化速率逐渐下降，柱体底部甲烷氧化细菌群落由 Ⅰ 型为主向 Ⅱ 型为主转变。也有研究者通过 T-RFLP 技术分析表明甲烷氧化菌的种群结构会随着不同深度 $CH_4$ 和 $O_2$ 的浓度差异而不同，而 Eun-Hee Lee 则发现在不同深度处甲烷氧化菌的数量无显著差异。由此可知，不同的研究者采用不同的研究技术可得出不同的结论，垃圾填埋场覆盖层的微生物群落结构特征尚不明确。

多名研究者通过在土壤覆盖层中添加生物炭，发现生物炭的添加可以改变覆盖土的理化性质，提高 $CH_4$ 的氧化能力。造成 $CH_4$ 氧化能力差异的原因主要为不同覆盖层材料会造成优势甲烷氧化菌的类型不同。而目前生物炭土壤覆盖层的微生物群落结构特征尚不明确，且覆盖层不同深度的微生物群落结构空间分布变化规律也尚不清楚，更未见有关疏水性生物炭的微生物群落特征研究。因此本书将借助高通量测序技术、荧光原位杂交（FISH）技术揭示上述疏水性生物炭土壤覆盖层（RH）、生物炭土壤覆盖层（RB）、土壤覆盖层（RS）在不同 $CH_4$ 浓度驯化阶段，覆盖材料不同深度微生物群落结构和功能微生物空间分布的变化规律，以阐明不同覆盖材料的 $CH_4$ 生物氧化作用机理，为疏水性生物炭土壤覆盖层、生物炭土壤覆盖层等的 $CH_4$ 氧化功能微生物的调控提供理论依据。

## 4.1 材料与方法

### 4.1.1 样品采集和命名

分别在各模拟柱运行初期（第 0 d）和第Ⅰ、Ⅱ、Ⅲ阶段的末期（分别为第 30 d、第 60 d、第 95 d）从模拟柱的 1 号、5 号、9 号取样口收集样品，作为各阶段各覆盖层模拟柱各深度的样本代表，研究模拟柱运行过程中细菌群落结构变化规律。从土壤覆盖层 RS 模拟柱初期 1 号、5 号、9 号取样口采集的样品分别命名为 S1.1、S1.5、S1.9，第Ⅰ阶段末期各取样口采集的样品分别命名为 S2.1、S2.5、S2.9，第Ⅱ阶段末期各取样口采集的样品分别命名为 S3.1、S3.5、

S3.9，第Ⅲ阶段末期各取样口采集的样品分别命名为 S4.1、S4.5、S4.9。从生物炭土壤覆盖层 RB 模拟柱初期 1 号、5 号、9 号取样口采集的样品分别命名为 B1.1、B1.5、B1.9，第Ⅰ阶段末期各取样口采集的样品分别命名为 B2.1、B2.5、B2.9，第Ⅱ阶段末期各取样口采集的样品分别命名为 B3.1、B3.5、B3.9，第Ⅲ阶段末期各取样口采集的样品分别命名为 B4.1、B4.5、B4.9。从疏水性生物炭土壤覆盖层 RH 模拟柱初期 1 号、5 号、9 号取样口采集的样品分别命名为 H1.1、H1.5、H1.9，第Ⅰ阶段末期各取样口采集的样品分别命名为 H2.1、H2.5、H2.9，第Ⅱ阶段末期各取样口采集的样品分别命名为 H3.1、H3.5、H3.9，第Ⅲ阶段末期各取样口采集的样品分别命名为 H4.1、H4.5、H4.9。

## 4.1.2　16S rDNA 扩增子测序

将上述采集的 36 个样本经 DNA 提取、PCR 扩增、产物纯化、文库制备和库检合格后，使用 NovaSeq6000 进行上机测序（北京诺禾致源科技有限公司）（见图 4.1）。PCR 扩增所用引物为 V3-V4 区引物：341F 5′-CCTACGGGRBGCASCAG-3′ 和 806R 5′-GGACTACNNGGGTATCTAAT-3′。对高通量测序所得序列进行质控（QC）、OTU 聚类、物种注释、各分类水平统计样本的群落组成、计算微生物多样性指数后，使用 R 软件和 Orgigin 软件将生物信息可视化绘制反映微生物群落特征的图。

图 4.1　高通量测序试验流程

### 4.1.3 荧光原位杂交

（1）固定

在第Ⅲ阶段末期，从各覆盖层模拟柱的上、中、下取样口取样，取样后立即用磷酸缓冲液 PBS 浸泡冲洗后，再用新鲜配制的 4%的多聚甲醛溶液在 4℃温度下固定 6 h，离心后再次用 PBS 缓冲液洗涤，最后在 PBS 缓冲液和 100%乙醇等体积混合液中−20℃温度下保存。

（2）切片

取 0.1 mL 固定好的样品，并将其包埋于滴有包埋剂的托盘上，置于冷冻室内冷冻，待冷冻完成后用冷冻切片机（LEICA CM 1850）在−20℃温度下切片，切片厚度为 10 μm，最后将切片完成的样品粘在处理好的玻片上。

（3）杂交

取粘有样品的切片，加入 200 μL DNA 探针变性液，在 80℃温度加热 1.5 min 后，立即用浓度分别为 25%、50%、80%和 96%的乙醇各脱水 10 min。将合成的探针（上海生工）配制成 10 μmol/L 的探针稀释液，−20℃下保存备用。将 1 μL 探针和 9 μL 的杂交液，滴加到目标区域，盖上盖玻片，轻轻挤压出所有的气泡，用封片液封片。将玻片放置到湿润的暗盒中，在恒温箱中进行杂交反应，46℃下杂交 2~3 h。双重杂交或多重杂交，重复上述杂交步骤。杂交完成后玻片在预热的清洗液中清洗 30 min，摇晃使盖玻片脱落。清水冲洗后干燥。

（4）观察

杂交后的玻片干燥后，滴加抗荧光衰减封片剂，并盖好盖玻片。将完成的玻片于激光共聚焦荧光显微镜（ZEISS LSM 710）上观察拍照。

在 FISH 试验中所用的探针如表 4.1 所示。

表 4.1　荧光原位杂交所用 16S rRNA 标记的探针

| 探针 | 序列 | 目标微生物 | 荧光染料 | 颜色 |
|------|------|-----------|---------|------|
| Eub338I | 5′-GCTGCCTCCCGTAGGAGT-3′ | 真细菌 | AMCA | 蓝 |
| Eub338II | 5′-GCAGCCACCCGTAGGTGT-3′ | | AMCA | 蓝 |
| Eub338III | 5′-GCTGCCACCCGTAGGTGT-3′ | | AMCA | 蓝 |
| Mγ84 | 5′-CCACTCGTCAGCGCCCGA-3′ | I 型甲烷氧化菌 | FAM | 绿 |
| Mγ705 | 5′-CTGGTGTTCCTTCAGATC-3′ | | FAM | 绿 |
| Mγ450 | 5′-ATCCAGGTACCGTCATTATC-3′ | II 型甲烷氧化菌 | CY5 | 红 |

## 4.2　结果与讨论

### 4.2.1　不同覆盖材料的细菌 Alpha 多样性分析

对各阶段、各覆盖层模拟柱各深度共计 36 个样本进行高通量测序分析，并通过 Alpha Diversity 分析可得出样本内微生物群落的丰富度和多样性。不同覆盖材料的物种多样性曲线——稀释曲线（Rarefaction Curve）分析结果如图 4.2 所示。当各样本的稀释曲线趋向平缓时，说明测序数据量渐进合理。由图 4.2 可知，RS［图 4.2（a）］、RB［图 4.2（b）］、RH［图 4.2（c）］随着横坐标测序量的增加，曲线逐渐趋于平缓，所检测出的物种相对较少，说明此次的测序数据量合理且可靠，结果基本可以反映样本细菌群落结构的真实情况。

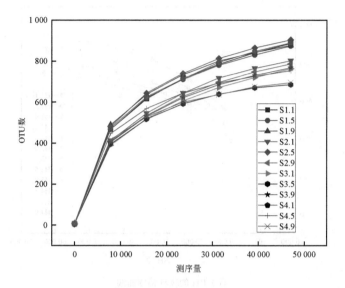

（a）RS 的物种稀释曲线

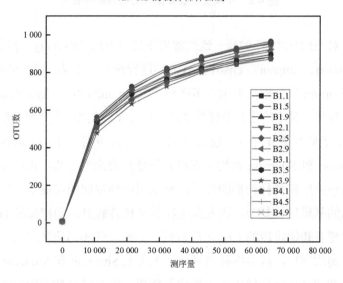

（b）RB 的物种稀释曲线

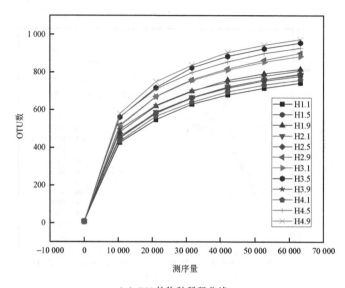

（c）RH 的物种稀释曲线

**图 4.2　不同覆盖层模拟柱的物种稀释曲线**

对不同样本在 97% 一致性阈值下的 Alpha Diversity 分析指数（shannon、simpson、chao1、ACE）进行统计，见表 4.2。Shannon 和 Simpson 值分别代表菌群多样性（Community diversity）指数，其数值越高，对应的菌群多样性越高，由表 4.2 可知，土壤覆盖层模拟柱 RS 各阶段的 1 号（上层）、5 号（中层）、9 号（下层）取样口的 Shannon 和 Simpson 值均呈现出先降低后升高的趋势，可能原因为土壤覆盖层模拟柱初期的样品是刚从填埋场取回的覆盖土，由于填埋场的基质环境复杂，因此微生物的多样性较高，而模拟柱的环境较理想且初始阶段的 $CH_4$ 浓度较低，因此一些不适应环境的细菌逐渐被淘汰衰亡，微生物种类减少，表现出 Shannon 和 Simpson 值降低。细菌衰亡所释放出的大量营养物质，以及模拟柱的甲烷浓度不断提高，优势微生物逐步适应环境，微生物的种类逐步增多，Shannon

和 Simpson 值逐步升高。至第Ⅲ阶段末期，1 号（S4.1）的 Shannon 和 Simpson 值最高，分别为 6.061 和 0.954，可能 1 号取样口为覆盖层的上层，氧气浓度较高，好氧菌生长繁殖较快，且好氧菌的种类较多，因此表现出较高的多样性。随着覆盖层深度的增加，氧气浓度逐步减小，好氧微生物逐步减少，5 号（S4.5）的 Shannon 和 Simpson 值分别为 5.939 和 0.940，至覆盖层底端 9 号取样口（S4.9）的 Shannon 和 Simpson 值最低，分别为 5.253 和 0.898。生物炭土壤覆盖层模拟柱 RB 第Ⅰ阶段（B2）、第Ⅱ阶段（B3）、第Ⅲ阶段（B4）的 1 号（上层）、5 号（中层）、9 号（下层）取样口的 Shannon 和 Simpson 值，与试验初期（B1）各取样口相比表现出降低的趋势，说明细菌的多样性在降低，可能由于生物炭的高孔隙率使得氧气和甲烷在模拟柱内扩散通畅，$CH_4$ 氧化相关微生物不断得到驯化，而其他微生物由于不适应环境而被淘汰。至试验末期，疏水性生物炭土壤覆盖层 RH 的 1 号和 9 号取样口的微生物 Shannon 和 Simpson 值显著降低，5 号取样口的 Shannon 和 Simpson 值则比试验初期有所增长，推测为 1 号取样口的氧气浓度较高，9 号取样口的 $CH_4$ 浓度较高，代谢相关基质的微生物在 1 号和 9 号取样口不断得到驯化（如甲烷氧化菌），不适应条件的微生物则逐步被淘汰，故表现出多样性降低，而 5 号取样口由于 $CH_4$ 和氧气浓度都有所降低，故优势菌种未得到明显驯化，且存在疏水改性剂 KH-570 有机物，因此微生物多样性略微增高。

表 4.2　不同覆盖材料的 Alpha Indices 统计表

| 样品 | | Shannon | Simpson | Chao1 | ACE |
|---|---|---|---|---|---|
| RS | S1.1 | 5.934 | 0.952 | 1 141.235 | 1 102.095 |
| | S1.5 | 6.002 | 0.951 | 1 090.650 | 1 073.246 |
| | S1.9 | 6.245 | 0.963 | 954.735 | 1 000.411 |
| | S2.1 | 5.319 | 0.916 | 928.785 | 973.122 |

| 样品 | | Shannon | Simpson | Chao1 | ACE |
|---|---|---|---|---|---|
| RS | S2.5 | 6.041 | 0.948 | 1 041.378 | 1 070.688 |
| | S2.9 | 5.321 | 0.916 | 1 005.462 | 1 009.599 |
| | S3.1 | 5.037 | 0.860 | 940.903 | 990.444 |
| | S3.5 | 4.031 | 0.684 | 697.698 | 720.940 |
| | S3.9 | 4.482 | 0.764 | 874.552 | 936.414 |
| | S4.1 | 6.061 | 0.954 | 1 110.600 | 1 117.771 |
| | S4.5 | 5.939 | 0.940 | 830.183 | 842.393 |
| | S4.9 | 5.253 | 0.898 | 749.087 | 767.573 |
| RB | B1.1 | 6.173 | 0.954 | 1 046.083 | 1 066.649 |
| | B1.5 | 6.185 | 0.949 | 1 085.563 | 1 093.285 |
| | B1.9 | 6.277 | 0.962 | 976.290 | 988.192 |
| | B2.1 | 5.726 | 0.912 | 1 058.973 | 1 075.930 |
| | B2.5 | 5.880 | 0.936 | 1 049.625 | 1 078.412 |
| | B2.9 | 5.828 | 0.930 | 1 032.065 | 1 054.475 |
| | B3.1 | 5.686 | 0.906 | 1 027.054 | 1 042.881 |
| | B3.5 | 5.909 | 0.929 | 993.372 | 1 007.525 |
| | B3.9 | 4.858 | 0.839 | 1 010.949 | 1 039.758 |
| | B4.1 | 4.821 | 0.829 | 950.333 | 966.738 |
| | B4.5 | 5.065 | 0.856 | 1 174.024 | 1 184.070 |
| | B4.9 | 6.019 | 0.944 | 1 013.348 | 1 026.322 |
| RH | H1.1 | 6.026 | 0.968 | 821.100 | 850.756 |
| | H1.5 | 5.929 | 0.956 | 878.491 | 877.893 |
| | H1.9 | 6.236 | 0.968 | 885.120 | 901.554 |
| | H2.1 | 5.890 | 0.957 | 875.042 | 880.552 |
| | H2.5 | 5.728 | 0.946 | 891.837 | 899.942 |
| | H2.9 | 6.373 | 0.969 | 1 021.226 | 1 038.775 |
| | H3.1 | 6.139 | 0.963 | 976.388 | 990.225 |
| | H3.5 | 6.174 | 0.949 | 1 036.600 | 1 048.499 |
| | H3.9 | 6.214 | 0.952 | 874.548 | 894.621 |
| | H4.1 | 4.511 | 0.794 | 843.909 | 852.529 |
| | H4.5 | 6.528 | 0.974 | 1 016.918 | 1 029.832 |
| | H4.9 | 5.338 | 0.862 | 1 046.020 | 1 062.918 |

Chao1 和 ACE 代表菌群丰度，其数值越大，菌群丰度越高。随着模拟柱的运行，RS 的 5 号、9 号取样口的菌群丰度 Chao1 和 ACE 值基本呈降低趋势，仅在试验末期，1 号取样口的菌群丰度略微增加。RB 的 Chao1 和 ACE 值相对较稳定。而疏水性生物炭土壤覆盖层的 Chao1 和 ACE 值基本呈现出增高的趋势，表明其模拟柱内存在的菌群丰度较高，可能是疏水性基团的存在为微生物的生长提供了适宜的含水率。

综上所述，不同的覆盖层微生物的细菌多样性差异较大，同一覆盖层不同深度的细菌多样性也存在一定的差异。疏水性生物炭土壤覆盖层 RH 有利于维护细菌群落丰度免受环境变化的影响。

## 4.2.2 不同覆盖材料的细菌 Beta 多样性分析

Beta Diversity 是对不同样本的微生物群落构成进行比较分析，通过研究 Beta Diversity，以分析不同覆盖层样本以及不同深度样本之间的差异性，结合环境条件，明晰造成多样性差异的原因。图 4.3～图 4.5 分别为土壤覆盖层（RS）、生物炭土壤覆盖层（RB）、疏水性生物炭土壤覆盖层（RH）的 Beta 多样性指数热图，图中方格的数字是样本之间的差值，差值越小的样本物种多样性的差异就越小，显示得越深。由图 4.3～图 4.5 可以看出，不同样本间均具有差异性，且同一覆盖层模拟柱中，同一取样口的样本随着 $CH_4$ 浓度的增加其差值数值逐步增大，物种多样性的差异较大。其中 RS 随着 $CH_4$ 浓度的增加，各取样口的差异数值最大，物种多样性的差异也最大；RH 随着 $CH_4$ 浓度的增加，各取样口的差异数值普遍小于 RS，物种多样性的差异受 $CH_4$ 浓度的影响较小；RB 则随着 $CH_4$ 浓度的增加，各取样口的差异数值普遍小于 RH，说明 $CH_4$ 浓度对 RB 的影响最小。

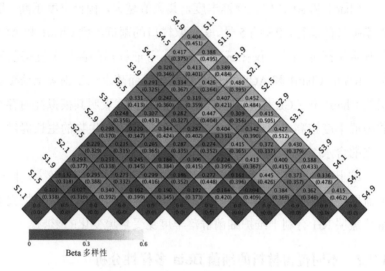

图 4.3　RS 的 Beta 多样性指数热图

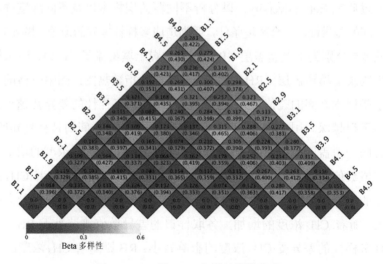

图 4.4　RB 的 Beta 多样性指数热图

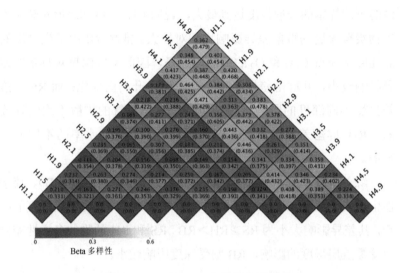

图 4.5 RH 的 Beta 多样性指数热图

图 4.6～图 4.8 分别为 RS、RB、RH 覆盖层基于 Weighted Unifrac 距离主坐标分析（PCoA）。群落组成结构越相似，在 PCoA 图中则表现得越聚集，差异越大的样本则会越分散。RS 的前期 S1 组内不同深度的样本倾向于聚在一起，随着甲烷浓度的升高，同组内不同深度的样本逐步分散，且各组也逐步分散，至试验末期 S4 组样本与其他组的距离最远，组内样本最分散，说明 CH₄ 浓度对 RS 的群落差异影响较大，与图 4.3 的分析结果一致，且试验末期时不同深度的群落差异较大，深度对其群落差异也有一定影响。RB 在不同组内（不同 CH₄ 浓度下），不同样本（不同深度取样口）的聚散程度较接近，说明深度对其群落差异的影响较小，随着 CH₄ 浓度的升高，各组的样本逐步分散，说明 CH₄ 浓度对 RB 的群落差异有影响，且试验末期时不同深度的群落差异较小。RH 随着 CH₄ 浓度的升高，各组内不同样本逐步分散，不同组也在逐步分散，至试验末期 H4 组

内的不同样本的分散程度达到最大，说明 $CH_4$ 浓度和深度对疏水性生物炭覆盖层的群落差异影响均相对较大。推测 RB 由于生物炭的高孔隙率使得 $CH_4$ 和 $O_2$ 的扩散较通畅，因此不同深度对群落的差异影响较小，其群落差异仅随 $CH_4$ 浓度的升高而变化；而 RS 群落差异受不同深度的影响极有可能是 $CH_4$ 和氧气的扩散不均匀导致的；RH 群落差异受不同深度的影响可能是受含水率的不同所影响的。

综上所述，土壤覆盖层（RS）、生物炭土壤覆盖层（RB）、疏水性生物炭土壤覆盖层（RH）的物种多样性的差异均受甲烷浓度的影响，其差异影响大小为 RS＞RH＞RB。RS 和 RH 的物种多样性差异也受覆盖层深度的影响，RB 则受深度影响较小。

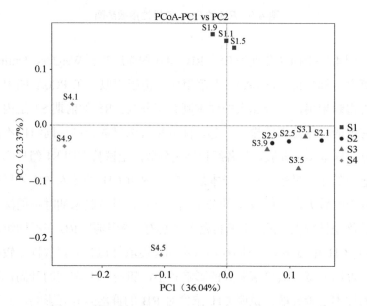

图 4.6　基于 Weighted Unifrac 距离 RS 的 PCoA 分析

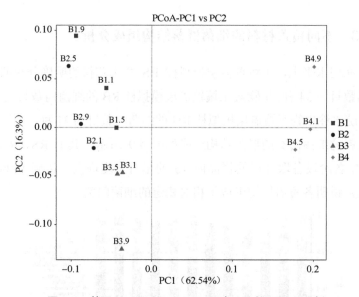

图 4.7　基于 Weighted Unifrac 距离 RB 的 PCoA 分析

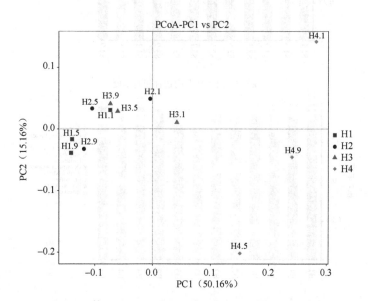

图 4.8　基于 Weighted Unifrac 距离 RH 的 PCoA 分析

### 4.2.3  不同覆盖材料的细菌群落结构组成分析

在门水平上，土壤覆盖层模拟柱 RS 样本获得的明确分类的细菌门数目为 34 种，生物炭土壤覆盖层模拟柱 RB 的细菌门数目为 34 种，疏水性生物炭覆盖层模拟柱 RH 的细菌门数目为 31 种。不同覆盖材料的细菌门类的群落结构组成如图 4.9 所示，其中 RS、RB、RH 中各阶段各取样口的样品前 10 的相对丰度均累计达到 98%及以上，说明各覆盖层均形成了相对稳定的细菌门类。

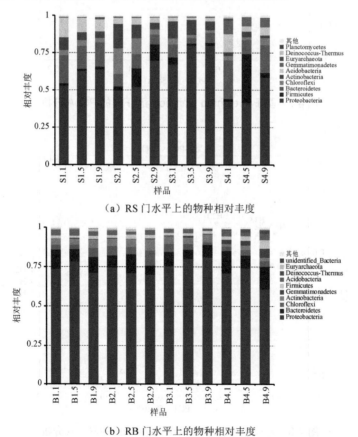

（a）RS 门水平上的物种相对丰度

（b）RB 门水平上的物种相对丰度

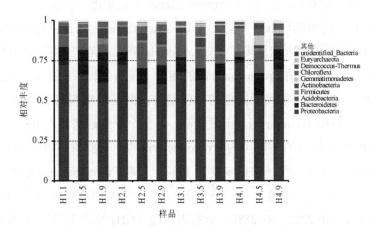

（c）RH 门水平上的物种相对丰度

**图 4.9　不同覆盖层模拟柱门水平上的物种相对丰度**

由图 4.9 可以看出，各个样本中相对丰度最大的细菌门类均为 Proteobacteria（变形菌门），好氧甲烷氧化菌大都属于此门类，推测各覆盖层均含有丰度较高的好氧甲烷氧化菌。其中 RS 的上层（1 号）、中层（5 号）、下层（9 号）的 Proteobacteria 大体呈现出随着 $CH_4$ 浓度的升高，其相对丰度先逐步升高后降低的变化趋势，且均呈现出覆盖层底部的 Proteobacteria 相对丰度较高［见图 4.9（a）］。试验初期 Proteobacteria 在上（S1.1）、中（S1.5）、下（S1.9）各取样口的相对丰度分别为 53.04%、62.90%、63.99%，随后在第 II 阶段（$CH_4$ 浓度为 15%）末期达到最大值，分别为 67.42%、79.96%、79.93%，至第 III 阶段（$CH_4$ 浓度为 25%）末期降至最低，分别为 42.50%、41.75% 和 58.64%。推测随着氧气在覆盖层扩散和消耗，在覆盖层的上、中、下部分别形成好氧、缺氧、厌氧的兼性环境，为 Proteobacteria 的生长提供了良好的生存环境，因此随着试验的运行，其丰度不断升高，但随着 Proteobacteria 不断地增长，覆盖层土壤中的有机质不断降低，不能为 Proteobacteria 的生长提供充足的营养，因此至试验末期出现了 Proteobacteria 降低的趋势。由图 4.9（b）可看出，RB 中的 Proteobacteria 的相对丰度明显比 RS 的高，也呈现出相对丰度先增高后降低的变化趋势，但呈现出覆盖层中部（5号）的 Proteobacteria 相对丰度较高，且整个变化趋势相对 RS 较稳定，推测生物炭的存在可为 Proteobacteria 的生长提供良好的条件。在 RB 的第 II 阶段（$CH_4$ 浓度为 15%）末期 Proteobacteria 达到最大值，其在上（1号）、中（5号）、下（9号）的相对丰度分别为 75.59%、80.22%、81.28%，至第 III 阶段（$CH_4$ 浓度为 25%）末期降至 71.21%、74.29% 和 61.10%，远高于 Wong 等的研究结果（32%）。RH 覆盖层各取样口的 Proteobacteria 随着试验的运行有所波动，菌群稳定性和丰度略低于 RB，但明显强于 RS［见图 4.9（c）］。RH 的上层（1号）和下层（9号）覆盖层部分均呈现出随着 $CH_4$ 浓度的升高，Proteobacteria 不断增长的变化趋势，且在上层的相对丰度较高，至试验末期 Proteobacteria 在上层和下层的相对丰度分别为 73.93% 和 69.81%，而在覆盖层中部（5号）Proteobacteria 则大体呈现出逐步降低的趋势，至试验末期其相对丰度为 53.51%。此外在各覆盖层中还存在一些其他相对丰度较高的门类，如 Firmicutes（厚壁菌门）、Bacteroidetes（拟杆菌门）、Chloroflexi（绿弯菌门）、Actinobacteria（放线菌门）、Acidobacteria（酸杆菌门）、Gemmatimonadetes（芽单胞菌门），在其他填埋场覆盖土中也发现了上述丰度较高的门类。

在属水平上，RS、RB、RH 的相对丰度在前 100 的细菌系统进化关系分别如图 4.10～图 4.12 所示。整体上在所有的覆盖层的细菌属中，隶属于 Proteobacteria 的菌属最多，其他门下的菌属则有所差别。

RS 中的其他主要门下隶属的菌属多少的排序为 *Actinobacteria* ＞ *Bacteroidetes* ＞ *Firmicutes*；RB 中的其他主要门下隶属的菌属多少的排序为 *Actinobacteria* ＞ *Bacteroidetes* ＞ *Firmicutes*；RH 中的其他主要门下隶属的菌属多少的排序为 *Bacteroidetes* ＞ *Actinobacteria* ＞ *Firmicutes*。由此可知，在不同填埋场覆盖层中菌属分布较多的均为 *Proteobacteria*、*Actinobacteria*、*Bacteroidetes*、*Firmicutes*，在 Ding 等和 Wong 等的添加生物炭覆盖层中也发现上述几种门类的菌属分布较多，但不同覆盖材料影响细菌属群落的分布。

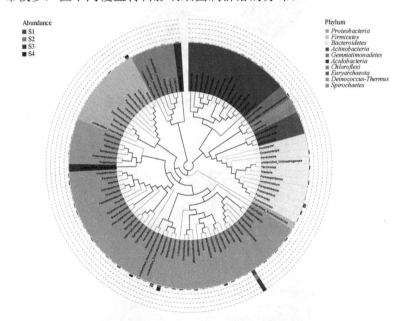

图 4.10　RS 属水平物种系统发生关系

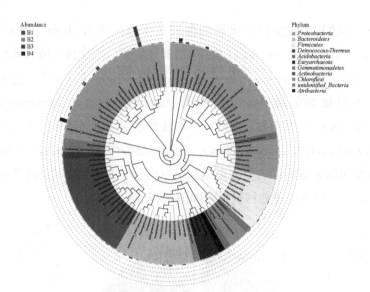

图 4.11　RB 属水平物种系统发生关系

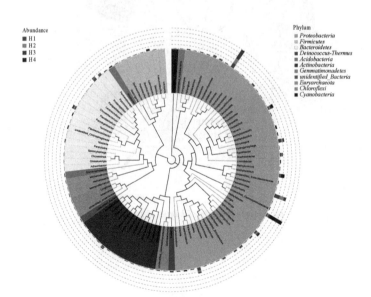

图 4.12　RH 属水平物种系统发生关系

　　对属水平的组成做进一步分析，绘制了各覆盖层模拟柱的属水平上的物种相对丰度柱状图（见图 4.13）。由图 4.13 可以看出，不同覆盖层的菌属分布不同。在土壤覆盖层 RS 中，相对丰度最高的菌属为 *Luteimonas*，其在覆盖层中随着 $CH_4$ 浓度的升高，相对丰度不断增加，至第 II 阶段（$CH_4$ 浓度为 15%）末期时，*Luteimonas* 在 1 号、5 号、9 号取样口的相对丰度均达到最大值，分别为 43.43%、59.38% 和 52.87%。至第 III 阶段末期（$CH_4$ 浓度为 25%），*Luteimonas* 在 1 号、5 号和 9 号取样口的相对丰度均降至最低，分别为 7.95%、10.49% 和 1.99%，且在试验的各个阶段 5 号取样口的 *Luteimonas* 相对丰度均大于 1 号和 9 号取样口。研究表明，*Luteimonas* 具有较强的有机物降解能力，因此推测试验前期 *Luteimonas* 相对丰度的增加可能因为反应体系存在着丰富的有机物，而整个试验过程中未添加有机物，所以推测有机物的来源可能主要为部分不适应环境变化的微生物衰亡所产生的，微生物多样性的降低（见表 4.2）以及部分菌属的相对丰度随着试验的进行不断降低 [见图 4.13（a）] 也证实了此推测，而随着模拟柱的长期运行，反应体系的菌群结构已相对稳定，微生物衰亡产生的有机物相对较少，因此试验后期 *Luteimonas* 的相对丰度表现出降低的趋势。在 RS 覆盖层中，随着试验的进行，因不适应环境，相对丰度逐步降低的菌属主要包括 *Pseudomonas*、*Proteiniphilum*、*Petrimonas*、*Parasegetibacter*、*Diaphorobacter*、*Sphingomonas*、*Hydrogenophaga*、*Persicitalea*、*Phenylobacterium*、*Paracoccus*、*Pseudaminobacter*、*Ciceribacter*、*Dokdonella*。其主要为土壤和填埋场中一些常见的参加氮、硫、碳及其他物质循环的菌属，覆盖层模拟柱营养条件相对较单一，因此上述菌属随着试验的进行因不适应环境而逐渐被淘汰。而有些微生物随着 $CH_4$ 浓度的不断升高逐步得到了富集，如甲烷氧化菌 *Methylocaldum*、*Methylobacter*

和一些功能尚未明确的菌属 *unidentified_Gemmatimonadaceae* 等。有些微生物仅在覆盖层上层得到富集，如 *Limnobacter*，说明其对氧的需求较大，属于好氧菌。也存在一些仅在覆盖层中部得到富集的菌属，如 *Aneurinibacillus*、*Bacillus*，说明其喜兼性甚至厌氧的环境，*Longilinea* 等相对厌氧的菌属在覆盖层的底部得到充分富集。

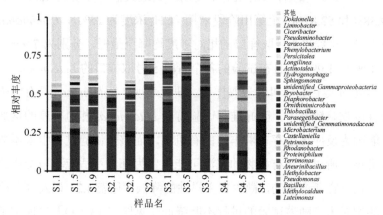

（a）RS 属水平上的物种相对丰度

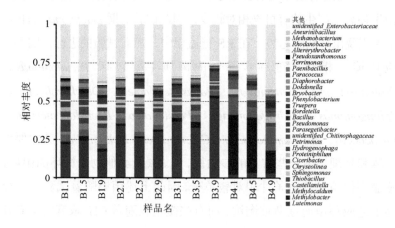

（b）RB 属水平上的物种相对丰度

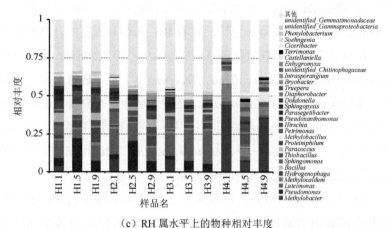

（c）RH 属水平上的物种相对丰度

**图 4.13　不同覆盖层模拟柱属水平上的物种相对丰度**

由图 4.13（b）可知，在生物炭土壤覆盖层 RB 中，相对丰度最高的菌属仍为 *Luteimonas*，其在覆盖层中随着甲烷浓度的升高，相对丰度不断增加，至第Ⅱ阶段（CH₄ 浓度为 15%）末期时，*Luteimonas* 在 1 号、5 号、9 号取样口的相对丰度均达到最大值，分别为 36.98%、33.00%和 52.37%。至第Ⅲ阶段末期（CH₄ 浓度为 25%），*Luteimonas* 在 1 号、5 号和 9 号取样口的相对丰度均降至最低，分别为 2.51%、3.64%和 3.42%。在试验过程中，RB 中的 *Luteimonas* 的相对丰度均小于 RS，推测为生物炭的添加，为微生物的生长提供了养分，增加碳的利用率，保护生物群免受环境威胁，从而减少了微生物的衰亡，因此 *Luteimonas* 的相对丰度较低。由图 4.13（b）可以看出，RB 覆盖层中因不适应环境逐渐被淘汰的菌属种类也有所减少，主要包括 *Castellaniella*、*Ciceribacter*、*Proteiniphilum*、*Hydrogenophaga*、*Petrimonas*、*Parasegetibacter*、*Pseudomonas*、*Bordetella*、*Dokdonella*。其中有一些菌属是与 RS 共同减少的，而一些菌属仅在 RB 中明显减少，如 Castellaniella，说明添加生物炭可促进一些细菌的生长，但同时也会抑制某些细菌的生长。随着 RB 中 $CH_4$ 浓度的升高得到富集的菌属主要包括甲烷氧化菌 *Methylobacter* 和 *Methylocaldum*，以及 *Sphingomonas*、*Chryseolinea*、*Truepera* 等。在 RB 覆盖层上层得到富集的菌属主要为 *Terrimonas*，在覆盖层中层得到富集的菌属主要为 *Paenibacillus*，而在覆盖层下层得到富集的菌属主要为 *Bacillus*、*Bryobacter*、*Rhodanobacter*、*Aneurinibacillus*。由此可知，生物炭的添加会明显影响覆盖层中细菌的分布。

由图 4.13（c）可知，在疏水性生物炭土壤覆盖层 RH 中，相对丰度最高的菌属为 *Methylobacter*，其在覆盖层中的各个取样口均得到了富集，说明疏水性生物炭的添加有利于甲烷氧化菌 *Methylobacter* 的生长。*Luteimonas* 在 RH 覆盖层中的变化趋势与 RB 和 RS 一致，均为随着 $CH_4$ 浓度的升高，相对丰度不断增加，至第 II 阶段（$CH_4$ 浓度为 15%）末期时，*Luteimonas* 在 1 号、5 号、9 号取样口的相对丰度均达到最大值，分别为 14.71%、20.23% 和 21.59%。至第 III 阶段末期（$CH_4$ 浓度为 25%），*Luteimonas* 在 1 号、5 号和 9 号取样口的相对丰度均降至最低，分别为 2.21%、2.50% 和 1.50%。在试验过程中，RH 中的 *Luteimonas* 的相对丰度均小于 RS 和 RB，推测由于疏水剂 KH-570 属于环境友好材料，对生物炭进行疏水改性后，疏水性生物炭的添加，既为微生物的生长提供了养分，也为微生物的生长提供了适宜的水分，作为环境友好材料保护生物群免受环境威胁，从而相较于生物炭更减少了微生物的衰亡，因此 *Luteimonas* 的相对丰度最低。由图 4.13（c）可以看出，RH 覆盖层中因不适应环境逐步被淘汰的菌属种类也有所减少，主要包括 *Pseudomonas*、*Hydrogenophaga*、*Paracoccus*、*Proteiniphilum*、*Petrimonas*、*Sphingopyxis*、*Diaphorobacter*、

*Ciceribacter*、*Phenylobacterium*，其中有一些菌属是与 RB 或 RS 共同减少的，而一些菌属仅在 RH 中明显减少，如 *Sphingopyxis*，说明和生物炭的性质相似，添加疏水性生物炭可促进一些细菌的生长，同时也会抑制某些细菌的生长，是因为疏水基团的存在抑制和促进的菌属种类不同。RH 中随着 $CH_4$ 浓度的升高得到富集的菌属主要包括甲烷氧化菌 *Methylocaldum* 以及 *Hirschia*、*Bryobacter*、*Enhygromyxa*、*Terrimonas* 等。仅在 RH 覆盖层上层得到富集的菌属主要为 *Bacillus*，在覆盖层中层得到富集的菌属主要为 *Truepera*，而在覆盖层下层得到富集的菌属主要为 *Methylobacillus*。值得注意的是，*Bacillus* 在 RS、RB、RH 的主要富集区域均不同，说明氧不是决定其分布的主要因素，可能与覆盖材料有关。Cole 等将添加木质生物炭与不加生物炭的土壤覆盖层对比，发现二者的微生物群落结构组成差别较大。Huang 等发现添加不同温度下制备的生物炭作为覆盖层材料，也会造成群落结构差异较大。由此可知，覆盖层的异质性会明显影响覆盖层中细菌的分布。

另外在反应体系中还发现一些与硫酸盐还原相关的菌属，如 *Desulfosporosinus*、*Desulfovibrio*、*Desulfurispora*，以及反硝化相关的一些菌属，如 *Pseudomonas*、*Thiobacillus*、*Paracoccus* 等，其存在可能与厌氧 $CH_4$ 氧化有关。

### 4.2.4　不同覆盖材料的甲烷氧化菌群组成分析

随着 $CH_4$ 浓度的升高，模拟覆盖层中的甲烷氧化菌多样性和丰度显著增加，且呈现出不同覆盖材料不同深度的甲烷氧化菌分布有差异，试验末期各模拟柱稳定后的甲烷氧化菌的分布情况如表 4.3 所示。由表 4.3 可知，反应体系中共检测到 7 种甲烷氧化菌属，分别为 Type Ⅰ型的 *Methylobacter*、Type X 型的 *Methylocaldum* 和

表 4.3　试验末期不同覆盖层的甲烷氧化菌属的相对丰度

单位：%

| 样品 | Methylocaldum | Methylobacter | Methylococcus | Methylobacillus | Methylocystis | Methylotenera | Methyloversatilis | 总计 |
|------|------|------|------|------|------|------|------|------|
| S4.1 | 3.97 | 4.79 | 0.20 | 0.04 | 0.04 | 0.00 | 0.00 | 9.04 |
| S4.5 | 3.34 | 1.74 | 0.76 | 0.06 | 0.06 | 0.00 | 0.00 | 5.96 |
| S4.9 | 32.56 | 8.70 | 0.20 | 0.65 | 0.00 | 0.01 | 0.00 | 42.12 |
| B4.1 | 11.33 | 38.95 | 0.19 | 0.32 | 0.01 | 0.00 | 0.00 | 50.80 |
| B4.5 | 6.24 | 35.97 | 0.25 | 0.18 | 0.03 | 0.00 | 0.00 | 42.67 |
| B4.9 | 15.28 | 14.65 | 0.59 | 0.85 | 0.03 | 0.00 | 0.00 | 31.40 |
| H4.1 | 11.47 | 44.05 | 0.20 | 0.20 | 0.01 | 0.00 | 0.00 | 55.93 |
| H4.5 | 5.17 | 7.23 | 0.27 | 0.27 | 0.03 | 0.00 | 0.05 | 13.02 |
| H4.9 | 4.49 | 35.59 | 0.13 | 6.69 | 0.02 | 0.00 | 0.01 | 46.93 |

*Methylococcus*、Type Ⅱ型的 *Methylocystis*，以及其他种类的 *Methylobacillus*、*Methylotenera*、*Methyloversatilis*。在土壤覆盖层 RS 的上层 Type Ⅰ型的 *Methylobacter* 和 Type Ⅹ型的 *Methylocaldum* 属于优势菌属，其相对丰度分别为 4.79%和 3.97%，RS 上层的总甲烷氧化菌属的相对丰度为 9.04%；RS 的中层优势甲烷氧化菌属为 Type Ⅹ型的 *Methylocaldum*，其相对丰度为 3.34%，RS 中层的总甲烷氧化菌属的相对丰度为 5.96%，小于上层覆盖层；RS 的下层优势甲烷氧化菌属仍为 Type Ⅹ型的 *Methylocaldum*，其相对丰度远高于上层和中层覆盖层部分，为 32.56%，Type Ⅰ型的 *Methylobacter* 的相对丰度次之，为 8.70%，RS 下层的总甲烷氧化菌属的相对丰度为 42.12%，远大于 RS 的上层和中层部分的甲烷氧化菌属丰度。由此可知，RS 的下层具有较多的甲烷氧化菌属，是 $CH_4$ 去除的主要承担部分，与 RS 底部较高的 $CH_4$ 去除效果相符。

生物炭土壤覆盖层 RB 的上层优势甲烷氧化菌属为 Type Ⅰ型的 *Methylobacter*，其相对丰度为 38.95%，Type Ⅹ型的甲烷氧化菌属 *Methylocaldum* 和 *Methylococcus* 的相对丰度分别为 11.33%和 0.19%，其他类型的甲烷氧化菌属相对丰度均较低，RB 覆盖层上层的甲烷氧化菌属的总丰度为 50.80%，远高于 RS 的同一深度覆盖层。RB 覆盖层的中部 *Methylobacter* 仍是优势甲烷氧化菌属，其相对丰度为 35.97%，略低于上层，*Methylocaldum* 的相对丰度相较于上层也有所降低，与 $CH_4$ 的去除效果较低相符，由此可知，甲烷氧化菌属的相对丰度是影响 $CH_4$ 氧化的关键因素。RB 中层的总甲烷氧化菌属的相对丰度为 42.67%，小于上层覆盖层，均明显大于 RS 覆盖层的同一深度；RB 的下层优势甲烷氧化菌属仍主要为 *Methylocaldum* 和 *Methylobacter*，相较于覆盖层的中部，*Methylocaldum* 的相对丰度有所增高，为 15.28%，而 *Methylobacter* 则明显降低，为 14.65%，其他的甲烷氧化菌属也有略微增长的趋势，RB 下层的总甲烷氧化菌属的相对丰度为 31.40%，相较于 RB 的上层和中层部分的甲烷氧化菌属丰度，均有所降低，但根据 RB 下层的 $CH_4$ 氧化效果最好，推测生物炭对 $CH_4$ 的亲和性，使得 RB 覆盖层下部的甲烷氧化菌属的活性更高，$CH_4$ 氧化的效果更佳。值得注意的是，*Methylocaldum* 在 RB 的上、中、下 3 层均具有相对较高的丰度，RS 中也表现出同样的规律，由此可知，*Methylocaldum* 受 $CH_4$ 浓度和 $O_2$ 浓度的影响较小，在邢志林的研究中也发现了类似的规律，在覆盖层深度 0 cm、20 cm、60 cm 处均具有相对较高的丰度。

疏水性生物炭土壤覆盖层 RH 的上层优势甲烷氧化菌属为 Type Ⅰ 型的 *Methylobacter*，其相对丰度为 44.05%，Type X 型的甲烷氧化菌属 *Methylocaldum* 的相对丰度次之，为 11.47%，其他甲烷氧化菌属的相对丰度均较低（≤0.2%），RH 覆盖层上层的甲烷氧化菌属的总丰度为 55.93%，高于 RB 和 RS 的同一深度覆盖层，与此区域的 $CH_4$ 氧化效果较好相符，说明甲烷氧化菌的丰度与 $CH_4$ 氧化效率呈正相关关系，其他研究者在研究覆盖层的 $CH_4$ 氧化性能和甲烷氧化菌群落特征时也得出正相关的结论。RH 覆盖层的中部 *Methylocaldum* 和 *Methylobacter* 的相对丰度分别为 5.17% 和 7.23%，均低于上层，RH 中部的总甲烷氧化菌属的相对丰度仅为 13.02%，与 $CH_4$ 的去除效果较低相符；RH 的下层优势甲烷氧化菌属主要为 *Methylobacter*，相较于覆盖层的中部，其相对丰度增高至 35.59%。值得注意的是，此区域的 *Methylobacillus* 的相对丰度增高至 6.69%，RH 下层的总甲烷氧化菌属的相对丰度为 46.93%，均高于 RS 和 RB 的同一覆盖层深度，说明疏水性生物炭有利于甲烷氧化菌属的生长，从而实现高效的 $CH_4$ 氧化。另外，*Methylobacter* 在 RH 的上、中、下 3 层均具有相对较高的丰度，RB 中也表现出同样的规律。由此可知，*Methylobacter* 的分布受 $CH_4$ 浓度和 $O_2$ 浓度的影响较小，但在刘帅的填埋场覆盖土研究中表明其适合生长在缺氧的中层部分，邢志林的研究则表明其适合生长在低浓度甲烷/高浓度氧气的上层，因此不同的覆盖层材料对甲烷氧化菌属的分布影响较大。

综上所述，随着 $CH_4$ 浓度的升高，在各模拟柱内均形成了优势显著的甲烷氧化菌属，但在不同深度的优势甲烷氧化菌属的种类不同。RS 上、中、下 3 层的总甲烷氧化菌属的相对丰度分别为 9.04%、5.96%、42.12%，其在上层的最优势甲烷氧化菌属为 *Methylobacter*，在中层和下层的则均为 *Methylocaldum*。RB 上、中、下 3 层的总甲烷氧化菌属的相对丰度分别为 50.80%、42.67%、31.40%，其在上层和中层的最优势甲烷氧化菌属均为 *Methylobacter*，在下层的则为 *Methylocaldum*。RH 上、中、下 3 层的总甲烷氧化菌属的相对丰度分别为 55.93%、13.02%、46.93%，其在上、中、下 3 层的最优势甲烷氧化菌属均为 *Methylobacter*。由此可知，生物炭和疏水性生物炭的添加，改变了覆盖层中菌属的分布，且生物炭使得覆盖层不同深度的甲烷氧化菌属分布更均匀，说明生物炭的高孔隙率改善了覆盖层中 $CH_4$ 和 $O_2$ 的分布，减弱了环境对甲烷氧化菌的胁迫，使群落结构更稳定；而疏水性生物炭的添加，使得甲烷氧化菌属的相对丰度明显增加，一方面，推测可能与疏水性生物炭的较大的比表面积和含水率的调控有关，覆盖层中的疏水基团将体系内过量的水分排出，减少了水分对孔隙的占有率，有利于 $CH_4$ 和 $O_2$ 的扩散，便于甲烷氧化菌属的生长；另一方面，生物炭经硅烷偶联剂疏水改性后，其表面接枝的有机长链使生物炭表现得更为团聚，有利于微生物的附着，同时疏水性生物炭小颗粒团聚形成的簇和团粒构成了分级粗糙结构，可捕获 $CH_4$ 和 $O_2$ 等气体分子，在甲烷氧化菌等生物体及 $CH_4$ 和 $O_2$ 等无机气体分子之间架起了"桥梁"，有利于甲烷氧化菌属的生长繁殖，因此疏水生物炭填埋场 RH 中表现出高丰度的甲烷氧化菌属。

### 4.2.5　环境因子对甲烷氧化菌群结构的影响

为了进一步探索影响各模拟柱内甲烷氧化菌群落结构的环境因素，对试验末期的稳定样本、甲烷氧化菌、环境因子（$CH_4$、$O_2$、$CO_2$）进行冗余分析（redundancy analysis，RDA），将三者的关系反映在同一个二维排序图上（见图 4.14），由图 4.14 中可以直观地看出样本、甲烷氧化菌分布和环境因子间的关系。样本垂直投影于环境因子的延长线上，其垂直变量距箭头的相对位置较近者，就认为样本受环境变量影响较大。由图 4.14 可以看出，各覆盖层 9 号底部样本受 $CH_4$ 浓度影响较大，且 S4.9 的垂直变量距离箭头的位置相对较近，说明土壤覆盖层底部更易受 $CH_4$ 浓度影响。各覆盖层 1 号上层样本受 $O_2$ 浓度影响较大，同样表现出 S4.1 的垂直变量距离箭头的位置相对较近，说明土壤覆盖层的上部更易受 $O_2$ 浓度的影响，而添加生物炭和疏水性生物炭的覆盖层则受 $CH_4$ 和 $O_2$ 浓度影响较小，推测生物炭的高孔隙率使得覆盖层内透气性能较好，利于 $CH_4$ 和 $O_2$ 的分布扩散，因此 $CH_4$ 和 $O_2$ 的浓度难以影响添加了生物炭和疏水性生物炭的覆盖层微生物的分布。另外，$CO_2$ 对各覆盖层样本影响的相关性不强，在调控中可将其作为辅助气体使用。环境因子和甲烷氧化菌箭头连线之间的夹角代表其相关性，为锐角说明二者之间是正相关，为钝角则是负相关。由图 4.14 可以看出，反应体系内主要的优势菌属 *Methylocaldum*、*Methylobacter* 与 $CH_4$ 和 $O_2$ 所成的角度均较大，说明二者与 $CH_4$ 和 $O_2$ 的相关性较弱，与 4.2.4 节推测的 *Methylocaldum*、*Methylobacter* 受 $CH_4$ 和 $O_2$ 浓度的影响较小相符；但二者与 $CO_2$ 的夹角为锐角，说明与 $CO_2$ 浓度呈正相关，推测二者代谢的过程中可能需要 $CO_2$ 的参与。另外 *Methylococcus*、

*Methylobacillus*、*Methylotenera*、*Methyloversatilis* 与 $CH_4$ 的夹角均为锐角，说明其与 $CH_4$ 浓度呈正相关，在覆盖层调节时可通过增加 $CH_4$ 浓度促使上述几类菌属的生长。*Methylocystis* 与 $O_2$ 的夹角呈锐角，说明其与 $O_2$ 浓度呈正相关，当覆盖层中以其为功能菌时，可通过增加曝气促使其发挥优势作用。

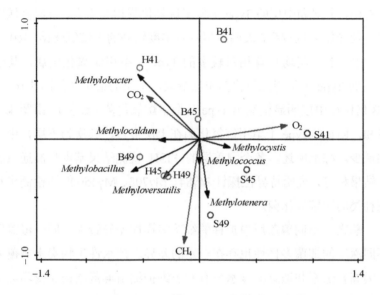

**图 4.14　试验末期的样本、甲烷氧化菌、环境因子之间的 RDA 分析**

## 4.2.6　不同覆盖材料的甲烷氧化细菌 FISH 分析

为了更直观地观察稳定体系中甲烷氧化菌的存在情况，采用 FISH 技术对试验末期不同覆盖材料、不同深度的全细菌和甲烷氧化菌进行检测。土壤覆盖层（RS）、生物炭土壤覆盖层（RB）、疏水性生物炭土壤覆盖层（RH）的 FISH 检测结果分别如图 4.15～图 4.17 所示。其中全细菌检测采用通用探针 EUB338 I-III（蓝色），Type Ⅰ

型甲烷氧化菌属采用特异性探针 Mγ84 和 Mγ705（绿色），Type Ⅱ 型甲烷氧化菌采用特异性探针 Mγ450（红色）。由图 4.15 可知，RS 的 Type Ⅱ 型的甲烷氧化菌较少，仅在中层有检测出。Type Ⅹ 型甲烷氧化菌是从 Type Ⅰ 型分离出来的，因此本试验的 Type Ⅰ 型甲烷氧化菌探针包含 Type Ⅹ 型甲烷氧化菌。由上、中、下层的 FISH 图中可以看出，上层和中层的 Type Ⅰ 型甲烷氧化菌相差不大，下层区域则绿色荧光较多且较亮，表明下层具有丰度较高的甲烷氧化菌。RB 的上、中、下 3 层均具有相对较多的 Type Ⅰ 型甲烷氧化菌属，其中上层的 Type Ⅰ 型甲烷氧化菌丰度最大，下层的最小（见图 4.16）。RB 仍仅在中层明显检测出 Type Ⅱ 型甲烷氧化菌（红色）。由图 4.17 可知，RH 的 Type Ⅰ 型甲烷氧化菌在上层最多，其次为下层，中层的最少。综上所述，各个覆盖层的 FISH 检测结果基本与高通量测序结果相符，说明特异性探针 Mγ84、Mγ705、Mγ450 能够检测出对应种类的甲烷氧化菌。

总之，不同覆盖层模拟柱的细菌多样性差异较大，同一覆盖层不同深度的细菌多样性也存在一定的差异。疏水性生物炭土壤覆盖层因高孔隙率和适宜的含水率有利于维护细菌群落结构免受环境变化的影响，菌群丰度值较大。

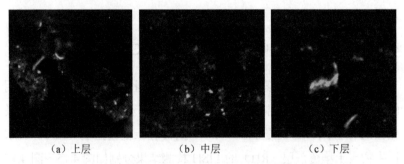

（a）上层　　　　　　（b）中层　　　　　　（c）下层

**图 4.15　试验末期 RS 不同深度的甲烷氧化菌的 FISH 图**

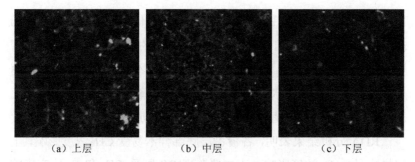

（a）上层　　　　　　　　（b）中层　　　　　　　　（c）下层

**图 4.16　试验末期 RB 不同深度的甲烷氧化菌的 FISH 图**

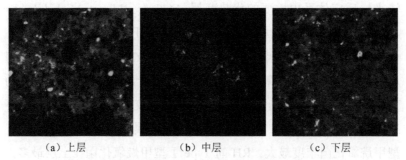

（a）上层　　　　　　　　（b）中层　　　　　　　　（c）下层

**图 4.17　试验末期 RH 不同深度的甲烷氧化菌的 FISH 图**

　　经过 95 d 的驯化，RS、RB 和 RH 的细菌主要由 Proteobacteria
构成，且在各模拟柱内均形成了丰度优势显著的甲烷氧化菌属，但
在不同深度的优势甲烷氧化菌属的种类不同。RS 上、中、下 3 层的
总甲烷氧化菌属的相对丰度分别为 9.04%、5.96%、42.12%，其在
上层的最优势甲烷氧化菌属为 *Methylobacter*，在中层和下层的则均
为 *Methylocaldum*。RB 上、中、下 3 层的总甲烷氧化菌属的相对
丰度分别为 50.80%、42.67%、31.40%，其在上层和中层的最优势
甲烷氧化菌属均为 *Methylobacter*，在下层的则为 *Methylocaldum*。
RH 上、中、下 3 层的总甲烷氧化菌属的相对丰度分别为 55.93%、

13.02%、46.93%，其在上、中、下 3 层的最优势甲烷氧化菌属均为 *Methylobacter*。由此可知，生物炭和疏水性生物炭的添加，改变了覆盖层中菌属的分布，且生物炭使得覆盖层不同深度的甲烷氧化菌属分布更均匀，而疏水性生物炭有利于甲烷氧化菌的生长，使得上层和下层的甲烷氧化菌属的相对丰度明显增加。

RDA 分析结果表明，各覆盖层底部样本易受 $CH_4$ 浓度影响，上层样本易受 $O_2$ 浓度影响，土壤覆盖层 RS 则受 $CH_4$ 和 $O_2$ 浓度影响较大，而添加生物炭和疏水性生物炭的覆盖层受 $CH_4$ 和 $O_2$ 浓度影响较小。反应体系内主要的优势菌属 *Methylocaldum*、*Methylobacter* 与 $CH_4$ 和 $O_2$ 浓度呈负相关，与 $CO_2$ 浓度呈正相关。

试验末期，采用特异性探针 Mγ84、Mγ705、Mγ450 对各覆盖层各深度样本的甲烷氧化菌进行 FISH 分析，RS 下层具有较多的 Type I 型甲烷氧化菌，上层和中层则相对较少。RB 的上、中、下 3 层均具有相对较多的 Type I 型甲烷氧化菌属，其中上层的 Type I 型甲烷氧化菌丰度最大。RH 的 Type I 型甲烷氧化菌在上层最多，其次为下层，中层的最少。

/ 第5章 /

# 疏水性生物炭土壤覆盖层的古菌群落结构特征分析

## 5.1 材料与方法

在填埋场覆盖层中，最大的有氧深度为 30～40 cm，再向下 $O_2$ 体积分数已经很低，形成了缺氧区甚至厌氧区，而填埋垃圾组成复杂，随着其不断降解，其渗滤液或填埋气中可能还有硫酸盐、硝酸盐或金属离子，这为 $CH_4$ 厌氧氧化提供了可能，同时为 $CH_4$ 厌氧氧化古菌的生长提供了有利条件。而传统的覆盖层 $CH_4$ 氧化动力学研究方法可能难以识别 $CH_4$ 厌氧氧化作用的存在，$CH_4$ 厌氧氧化作用及其相关古菌常在填埋场覆盖层内 $CH_4$ 氧化的研究中被忽略。同时填埋场覆盖层是个复杂的微生物体系，除了可能存在甲烷厌氧氧化古菌（ANME），还可能存在其他多种与 ANME 有共生关系的古菌，因此进一步了解古菌的群落结构特征对覆盖层的调控具有重要作用。

目前，覆盖层古菌群落结构特征尚不明确，更未见生物炭土壤覆盖层、疏水性生物炭土壤覆盖层的古菌研究。因此，本书将借助高通量测序技术、荧光原位杂交（FISH）技术揭示上述疏水性生物炭土壤覆盖层、生物炭土壤覆盖层、土壤覆盖层在不同 $CH_4$ 浓度驯化阶段，覆盖材料不同深度古菌群落结构和功能古菌空间分布的变化规律，以探明不同覆盖材料中是否存在 $CH_4$ 厌氧氧化微生物以及 $CH_4$ 厌氧生物氧化作用机理，为疏水性生物炭土壤覆盖层、生物炭土壤覆盖层等的甲烷氧化功能古菌的调控提供理论依据。

### 5.1.1  样品采集和命名

分别在各模拟柱运行初期（第 0 d）和第Ⅰ、Ⅱ、Ⅲ阶段的末期（分别为第 30 d、第 60 d、第 95 d）从模拟柱的 1 号、5 号、9 号取样口收集样品，作为各阶段各覆盖层模拟柱各深度的样本代表，研究模拟柱运行过程中细菌群落结构变化规律。从土壤覆盖层 RS 模拟柱初期 1 号、5 号、9 号取样口采集的样品分别命名为 S1.1、S1.5、S1.9，第Ⅰ阶段末期各取样口采集的样品分别命名为 S2.1、S2.5、S2.9，第Ⅱ阶段末期各取样口采集的样品分别命名为 S3.1、S3.5、S3.9，第Ⅲ阶段末期各取样口采集的样品分别命名为 S4.1、S4.5、S4.9。从生物炭土壤覆盖层 RB 模拟柱初期 1 号、5 号、9 号取样口采集的样品分别命名为 B1.1、B1.5、B1.9，第Ⅰ阶段末期各取样口采集的样品分别命名为 B2.1、B2.5、B2.9，第Ⅱ阶段末期各取样口采集的样品分别命名为 B3.1、B3.5、B3.9，第Ⅲ阶段末期各取样口采集的样品分别命名为 B4.1、B4.5、B4.9。从疏水性生物炭土壤覆盖层 RH 模拟柱初期 1 号、5 号、9 号取样口采集的样品分别命名为 H1.1、H1.5、H1.9，第Ⅰ阶段末期各取样口采集的样品分别命名为 H2.1、H2.5、H2.9，第Ⅱ阶段末期各取样口采集的样品分别命名为 H3.1、H3.5、H3.9，第Ⅲ阶段末期各取样口采集的样品分别命名为

H4.1、H4.5、H4.9。

## 5.1.2　16S rDNA 扩增子测序

测序和数据分析过程参考 4.1.2 节，将测序后属于细菌的数据进行剔除后作为古菌的数据进行后续分析。其中 PCR 扩增所用引物为 V4 区引物：Arch519F 5′-GAGCCGCCGCGGTAA-3′和 Arch915R 5′-GTGCTCCCCCGCCAATTCCT-3′。

## 5.1.3　FISH 分析

FISH 分析方法参考 3.1.3 节，杂交试验中所用的探针如表 5.1 所示。

表 5.1　荧光原位杂交所用 16S rRNA 标记的探针

| 探针 | 序列 | 目标微生物 | 荧光染料 | 颜色 |
|---|---|---|---|---|
| Arch915 | 5′-GTGCTCCCCCGCCAATTCCT-3′ | 古菌 | FAM | 绿 |
| S-*-DARCH-0872-a-A-18 | 5′-GGCTCCACCCGTTGTAGT-3′ | ANME古菌 | AMCA | 蓝 |

## 5.2　结果与讨论

### 5.2.1　不同覆盖材料的古菌 Alpha 多样性分析

对各阶段、各覆盖层模拟柱各深度共计 36 个样本进行高通量测序分析古菌的群落特征。不同覆盖材料在各阶段各取样口的样本所构建的稀释曲线如图 5.1 所示。由图 5.1 可知，土壤覆盖层 RS [见图 5.1（a）]、生物炭土壤覆盖层 RB [见图 5.1（b）]、疏水性生物炭土壤覆盖层 RH［见图 5.1（c）］随着横坐标测序量的增加，曲线逐渐趋于平缓，所检测出的物种相对较少，说明此次的测序数据量合理且可靠，结果基本可以反映样本古菌群落结构的真实情况。

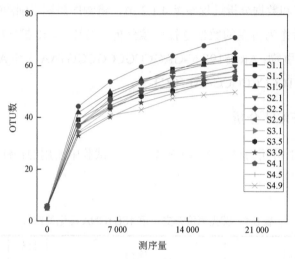

（a）RS 的物种稀释曲线

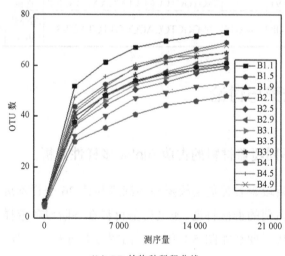

（b）RB 的物种稀释曲线

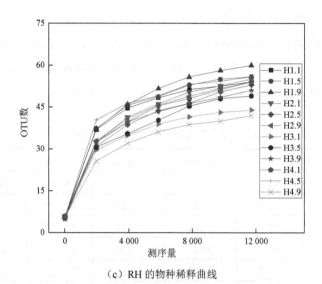

（c）RH 的物种稀释曲线

**图 5.1　不同覆盖材料的物种稀释曲线**

　　对不同样本在 97%一致性阈值下的 Alpha Diversity 分析指数（Shannon、Simpson、Chao1、ACE）进行统计，见表 5.2。由表 5.2 可以看出，所有样品古菌的多样性指数 Shannon、Simpson、Chao1、ACE 等均比细菌小（见表 4.2），由此可知，反应柱内形成了以细菌为主、古菌为辅的 $CH_4$ 氧化体系。由表 5.2 可知，RS 呈现出随着 $CH_4$ 浓度的升高，各取样口的 Shannon 和 Simpson 值呈降低的变化趋势，可能由于模拟柱内营养基质单一，一些不适应现有环境的古菌逐渐被淘汰。RS 的菌群丰度指数 Chao1 和 ACE 与多样性指数 Shannon 和 Simpson 变化趋势相似。RB 的 1 号和 5 号取样口的 Shannon 和 Simpson 值、Chao1 和 ACE 值基本呈降低趋势，而在 9 号取样口呈升高的趋势，推测可能由于覆盖层底部为厌氧环境，且生物炭对生物的亲和性，以及其良好的透气性能，减弱基质环境对古菌的胁迫，因此表现出底部古菌的多样性较高。RH 的 1 号和 5号取样口的古菌 Shannon 和 Simpson 值基本稳定，Chao1 和 ACE 值基本呈升高的趋势。但 9 号取样口古菌的 Shannon 和 Simpson 值、Chao1 和 ACE 则随着模拟柱的运行基本呈降低趋势。

表 5.2　不同覆盖材料的 Alpha Indices 统计

| 样品 | | Shannon | Simpson | Chao1 | ACE |
|---|---|---|---|---|---|
| RS | S1.1 | 3.101 | 0.828 | 68.000 | 69.185 |
| | S1.5 | 3.118 | 0.829 | 82.333 | 86.507 |
| | S1.9 | 3.164 | 0.837 | 67.143 | 67.197 |
| | S2.1 | 2.937 | 0.820 | 69.429 | 68.174 |
| | S2.5 | 2.923 | 0.811 | 78.125 | 76.029 |
| | S2.9 | 3.065 | 0.836 | 65.333 | 69.100 |
| | S3.1 | 3.028 | 0.83 | 61.625 | 64.139 |
| | S3.5 | 3.094 | 0.833 | 61.000 | 60.656 |
| | S3.9 | 2.987 | 0.826 | 66.375 | 71.03 |
| | S4.1 | 2.957 | 0.81 | 58.625 | 60.096 |
| | S4.5 | 3.081 | 0.825 | 66.25 | 69.853 |
| | S4.9 | 2.976 | 0.816 | 51 | 52.866 |
| RB | B1.1 | 3.43 | 0.852 | 74.071 | 76.428 |
| | B1.5 | 3.506 | 0.873 | 82.125 | 83.066 |
| | B1.9 | 3.300 | 0.866 | 62.625 | 63.113 |
| | B2.1 | 3.001 | 0.829 | 60.500 | 60.096 |
| | B2.5 | 2.972 | 0.824 | 85.25 | 72.785 |
| | B2.9 | 3.206 | 0.843 | 70.333 | 74.297 |
| | B3.1 | 3.164 | 0.843 | 72.143 | 72.425 |
| | B3.5 | 3.266 | 0.856 | 65.500 | 66.644 |
| | B3.9 | 3.155 | 0.831 | 68.273 | 71.064 |

| 样品 | | Shannon | Simpson | Chao1 | ACE |
|---|---|---|---|---|---|
| RB | B4.1 | 2.685 | 0.751 | 55.500 | 55.567 |
| | B4.5 | 3.431 | 0.851 | 65.333 | 66.227 |
| | B4.9 | 3.326 | 0.854 | 76.667 | 78.471 |
| RH | H1.1 | 3.316 | 0.843 | 56.625 | 58.214 |
| | H1.5 | 3.276 | 0.849 | 57.667 | 59.843 |
| | H1.9 | 3.219 | 0.837 | 67.857 | 66.760 |
| | H2.1 | 3.06 | 0.819 | 68.000 | 66.529 |
| | H2.5 | 2.955 | 0.801 | 83.000 | 71.973 |
| | H2.9 | 3.019 | 0.811 | 70.500 | 63.150 |
| | H3.1 | 2.972 | 0.807 | 48.200 | 48.995 |
| | H3.5 | 2.966 | 0.801 | 51.769 | 59.903 |
| | H3.9 | 3.108 | 0.828 | 84.000 | 60.789 |
| | H4.1 | 3.106 | 0.829 | 71.500 | 72.677 |
| | H4.5 | 3.251 | 0.826 | 61.600 | 59.847 |
| | H4.9 | 2.963 | 0.817 | 57.000 | 51.596 |

## 5.2.2　不同覆盖材料的古菌 Beta 多样性分析

不同覆盖层模拟柱的 Beta Diversity 指数热图和 PCoA 分析分别如图 5.2 和图 5.3 所示。图 5.2（a）和图 5.3（a）分别为土壤覆盖层 RS 的古菌 Beta 多样性指数热图和基于 Weighted Unifrac 距离的 PCoA 分析，从图中可以看出不同样本间均具有差异性，且同一覆盖层模拟柱中，同一取样口的样本随着甲烷浓度的增加其差值数值先逐步增大后逐步减小。由图 5.3（a）可知，前期土壤覆盖层 S1 组内不同取样口的样本倾向于聚在一起，随着 $CH_4$ 浓度的升高，同组内不同深度的样本逐步分散，且各组也逐步分散，至试验末期 S4 组样本与 S1 组则聚集在一起，组内样本比 S1 分散。说明 $CH_4$ 浓度不是 RS 古菌群落差异影响较大的因素，但深度对古菌群落差异有一定的影响。

图 5.2（b）和图 5.3（b）分别为生物炭土壤覆盖层 RB 的古菌 Beta 多样性指数热图和基于 Weighted Unifrac 距离的 PCoA 分析，由图 5.2（b）中可以看出，不同样本间均具有差异性，但 B1 和 B3 组的各样本间的差异最小。图 5.3（b）中的 PCoA 分析也表现出同样的趋势，B1 和 B3 组的各样本相对较聚集，推测可能初期微生物的衰亡为相关古菌提供了更丰富的营养基质，使得 B2 组与 B1 组古菌的群落差异较大。随着系统的稳定，微生物的衰亡减弱，古菌的多样性降低，其差异减小，B3 与运行初期 B1 相似，通过进一步的驯化功能古菌得到富集，使得 B4 与其他组的差异较大。说明 $CH_4$ 浓度对 RB 古菌群落差异的影响较小。

图 5.2（c）和图 5.3（c）分别为疏水性生物炭土壤覆盖层 RH 的古菌 Beta 多样性指数热图和基于 Weighted Unifrac 距离 PCoA 分析，从图中可以看出，不同样本间均具有差异性，且不同组的样本趋向于分散。但 1 号和 5 号取样口随着 $CH_4$ 浓度的升高，各样本间的差异减小，而 9 号取样口则表现出随着 $CH_4$ 浓度的升高，各样本间的差异逐步增大。PCoA 分析也表现出同样的趋势，1 号和 5 号取样口各样本相对较聚集，而 9 号取样口的各样本则相对较分散。说明 1 号和 5 号取样口的古菌群落受 $CH_4$ 浓度影响较小，而 9 号取样口则受 $CH_4$ 浓度的影响较大，说明其中 9 号取样口 $CH_4$ 代谢相关功能的古菌占比较大。

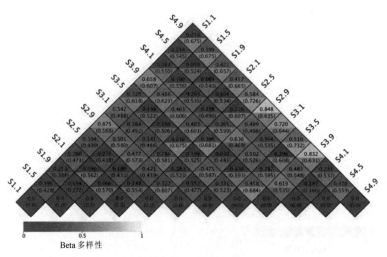

（a）RS 的 Beta 多样性指数热图

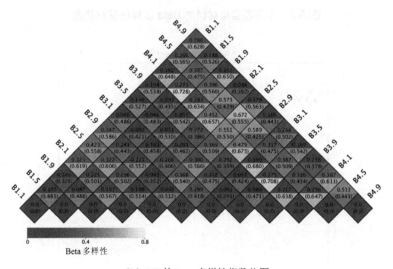

（b）RB 的 Beta 多样性指数热图

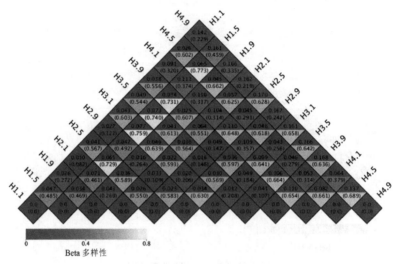

Beta 多样性

（c）RH 的 Beta 多样性指数热图

**图 5.2　不同覆盖层材料的 Beta 多样性指数热图**

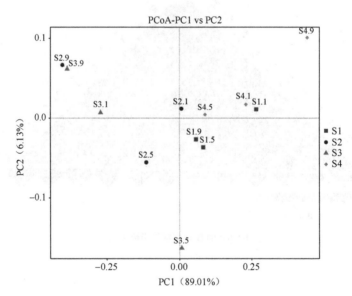

（a）基于 Weighted Unifrac 距离 RS 的 PCoA 分析

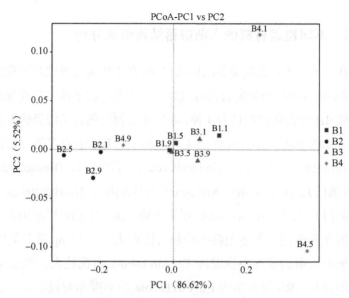

（b）基于 Weighted Unifrac 距离 RB 的 PCoA 分析

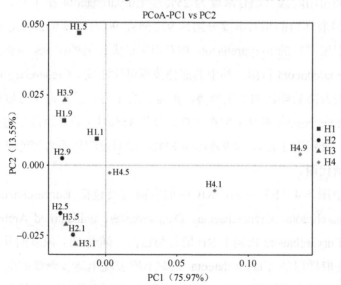

（c）基于 Weighted Unifrac 距离 RH 的 PCoA 分析

图 5.3　不同覆盖材料基于 Weighted Unifrac 距离的 PCoA 分析

### 5.2.3 不同覆盖材料的古菌群落结构组成分析

在门水平上，土壤覆盖层模拟柱 RS 和生物炭土壤覆盖层模拟柱 RB 样本获得的明确分类的古菌门数目为 5 种，疏水性生物炭覆盖层模拟柱 RH 的古菌门数目为 4 种。不同覆盖材料的古菌门类的群落结构组成如图 5.4 所示。由图 5.4（a）可知，RS 中的古菌门类包括 Euryarchaeota（广古菌门）、Crenarchaeota（泉古菌门）、Thaumarchaeota（奇古菌门）、unidentified_Archaea（未明古菌）、Diapherotrites（丙盐古菌门），其中 Euryarchaeota 属于优势古菌，是 $CH_4$ 代谢相关功能古菌所在的菌门，在各个样本中均占比最大，在 Dong 等和刘洪杰对填埋场古菌的研究中也发现 Euryarchaeota 占比较大。随着 $CH_4$ 浓度的升高，RS 覆盖层内 Euryarchaeota 的丰度相对较稳定，至试验末期第Ⅲ阶段（$CH_4$ 浓度为 25%），Euryarchaeota 在 1 号、5 号和 9 号取样口的相对丰度分别为 97.35%、96.71%和 95.24%，表现出上层取样口的 Euryarchaeota 相对丰度最大。另外在 RS 中也发现了 Crenarchaeota 古菌，其中的部分菌属可代谢硫。Crenarchaeota 呈现出先升高后降低的变化趋势，覆盖层的 1 号、5 号和 9 号取样口的 Crenarchaeota 相对丰度在甲烷浓度为 15%时（第Ⅱ阶段）达到最大值，分别为 3.12%、4.99%和 4.81%，说明反应体系内可能存在一定的硫代谢。

由图 5.4（b）可知，RB 中的古菌门类包括 Euryarchaeota、Thaumarchaeota、Crenarchaeota、Diapherotrites、unidentified_Archaea，其中 Euryarchaeota 仍属于 RB 的优势古菌，随着 $CH_4$ 浓度的升高，RB 各取样口的 Euryarchaeota 相对丰度表现出逐步降低的变化趋势，至试验末期第Ⅲ阶段（$CH_4$ 浓度为 25%）时，1 号、5 号和 9 号取样口的 Euryarchaeota 相对丰度分别为 55.58%、87.86%和 92.43%，

表现出下层取样口的 Euryarchaeota 相对丰度最大。值得注意的是，Thaumarchaeota 随着 $CH_4$ 浓度的升高，在反应体系内得到了富集，从前期的 1% 左右，至试验末期第Ⅲ阶段（$CH_4$ 浓度为 25%）时，1 号、5 号和 9 号取样口的 Thaumarchaeota 相对丰度分别增加至 44.16%、4.65% 和 4.32%，说明 Thaumarchaeota 与 $CH_4$ 浓度呈正相关。

由图 5.4（c）可知，RH 中的古菌门类包括 Euryarchaeota、Thaumarchaeota、Crenarchaeota、unidentified_Archaea，其中 Euryarchaeota 属于 RH 的优势古菌，与 RB 的变化趋势相似，至试验末期第Ⅲ阶段（$CH_4$ 浓度为 25%）时，1 号、5 号和 9 号取样口的 Euryarchaeota 相对丰度分别为 77.12%、92.31%、66.18%，RH 覆盖层中表现出中层取样口的 Euryarchaeota 相对丰度最大。与 RB 相似，在 RH 中 Thaumarchaeota 随着 $CH_4$ 浓度的升高，在反应体系内得到了富集，至试验末期第Ⅲ阶段（$CH_4$ 浓度为 25%）时，1 号、5 号和 9 号取样口的 Thaumarchaeota 相对丰度分别增加至 22.08%、5.87% 和 32.02%。

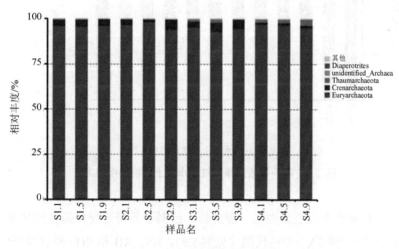

（a）RS 门水平上的物种相对丰度

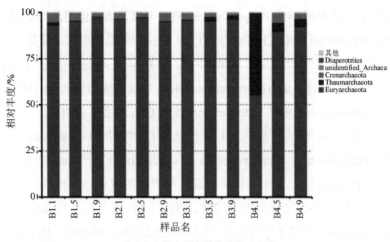

（b）RB 门水平上的物种相对丰度

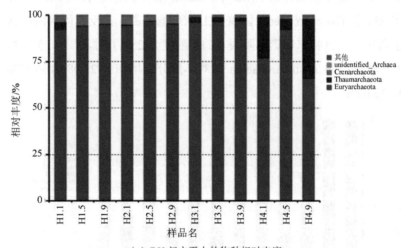

（c）RH 门水平上的物种相对丰度

**图 5.4　不同覆盖层模拟柱门水平上的物种相对丰度**

对属水平的组成做进一步分析，绘制了各覆盖层模拟柱的属水平上的古菌相对丰度柱状图（见图5.5）。RS、RB 和 RH 中共检测出

24 种古菌属，且不同覆盖层的菌属分布不同。试验过程中检测出的与厌氧 $CH_4$ 氧化有关且丰度较高的古菌属主要为 *Methanobacterium* 和 *Methanosarcina*。Dong 等在研究金前堡垃圾填埋场的古菌群落特征时，发现 *Methanomicrobiales*、*Methanosarcinales*、*Methanosarcina*、*Methanobacterium* 为垃圾填埋场中主要的甲烷厌氧氧化的微生物，其发现的种类比较多，可能源于实际垃圾填埋场的环境复杂，基质丰富。在 RS 中，随着 $CH_4$ 浓度的升高，各取样口的 *Methanobacterium* 相对丰度均表现出先逐步升高后逐步降低的趋势，推测 *Methanobacterium* 前期丰度的增长可能为土壤中残留的一些营养物质和一些不适应环境的微生物衰亡所释放出的营养物质，为 *Methanobacterium* 的生长提供了有利的条件，而随着反应体系的稳定，微生物衰亡的减弱，*Methanobacterium* 营养的缺失，使得其丰度逐步下降。*Methanobacterium* 在 1 号、5 号和 9 号取样口的最高相对丰度分别为 91.42%、92.02%（$CH_4$ 浓度为 5%，第 I 阶段末期）和 91.35%（$CH_4$ 浓度为 15%，第 II 阶段末期）。至试验末期（$CH_4$ 浓度为 25%，第III阶段），*Methanobacterium* 在 1 号、5 号和 9 号取样口的相对丰度分别降至 90.44%、88.89% 和 89.04%。相较于其他古菌属，*Methanobacterium* 的相对丰度虽然降低了，但仍高于其他菌属，且表现出 *Methanobacterium* 在 RS 覆盖层上层的相对丰度最高。另外 *Methanobacterium* 属于厌氧古菌，但其在覆盖层的 1 号、5 号和 9 号取样口均存在，说明覆盖层模拟柱 1 号取样口（10 cm）以下部分氧气浓度较低，属于缺氧或厌氧状态。与 *Methanobacterium* 不同的是，*Methanosarcina* 在 1 号、5 号、9 号取样口的初期具有相对较高的丰度，分别为 3.04%、2.91% 和 4.66%，随后其相对丰度逐步降低，至试验末期分别降至 1.46%、2.00% 和 2.96%。*Methanosarcina* 为 ANME 中的一种，与 SRB 菌共生，根据 RS 的 *Methanosarcina*

变化趋势推测其来源于原填埋场的覆盖土中，随着模拟柱运行时间的推移，*Methanosarcina* 所占丰度逐渐减少，可能由于与其共生的硫酸盐还原菌因营养物质的缺乏丰度降低，因此 *Methanosarcina* 在竞争中处于劣势。

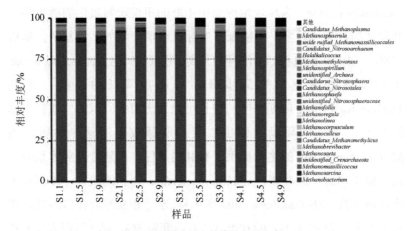

（a）RS 属水平上的物种相对丰度

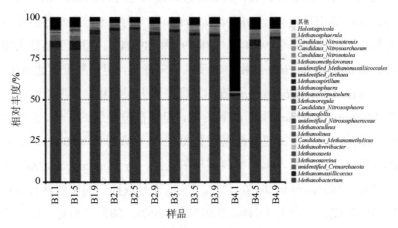

（b）RB 属水平上的物种相对丰度

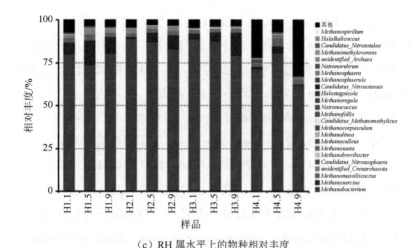

（c）RH 属水平上的物种相对丰度

**图 5.5　不同覆盖层模拟柱属水平上的物种相对丰度**

在生物炭土壤覆盖层 RB 中，随着 CH$_4$ 浓度的升高，RB 中的 *Methanobacterium* 相对丰度大体表现出先逐步升高后逐步降低的趋势，在第 I 阶段（CH$_4$ 浓度为 5%）末期，*Methanobacterium* 在 1 号、5 号和 9 号取样口的相对丰度达到最大值，分别为 92.22%、93.20% 和 89.78%。至试验末期（CH$_4$ 浓度为 25%，第 III 阶段），*Methanobacterium* 在 1 号、5 号和 9 号取样口的相对丰度分别降至 52.66%、83.25% 和 87.19%。与 RS 不同的是，*Methanosarcina* 除了初期具有相对较高的丰度，分别为 1.68%、2.96% 和 2.68%，其 9 号取样口在第 II 阶段末期（CH$_4$ 浓度为 15%）时仍具有相对较高的丰度（3.48%），由此可见生物炭的添加减弱了环境对 *Methanosarcina* 的胁迫。

在疏水性生物炭土壤覆盖层 RH 中，随着 CH$_4$ 浓度的升高，各取样口的 *Methanobacterium* 相对丰度也表现出先逐步升高后逐步降低的趋势，在第 I 阶段（CH$_4$ 浓度为 5%）末期，*Methanobacterium* 在 1 号、5 号和 9 号取样口的相对丰度达到最大值，分别为 89.27%、

87.42%和 83.30%。至试验末期（$CH_4$ 浓度为 25%，第Ⅲ阶段），*Methanobacterium* 在 1 号、5 号和 9 号取样口的相对丰度分别降至 71.61%、80.84%和 62.12%。由此可知，在 RH 中的同阶段同深度的 *Methanobacterium* 相对丰度均小于 RB 和 RS，推测为疏水性物质的添加不利于 *Methanobacterium* 的生长，其对水分的需求可能大于其他菌属。与 RB 相同的是，*Methanosarcina* 除了初期具有相对较高的丰度，分别为 6.43%、13.97%和 9.53%，其 9 号取样口在第Ⅱ阶段末期（$CH_4$ 浓度为 15%）时仍具有相对较高的丰度（13.33%）。

另外，在 RS、RB 和 RH 中均检测出一些初期丰度较高的产甲烷菌，如 *Methanosaeta*、*Methanomassiliicoccus*、*Methanobrevibacter* 等，其均在初期表现出相对较高的丰度，随着模拟柱的运行，丰度逐步减弱。说明这些产甲烷菌属来自原填埋场覆盖土，在原填埋场覆盖土中除了具有甲烷氧化的功能，由于填埋气或填埋垃圾中物质复杂，还为覆盖土中产甲烷菌提供了生存条件，而实验室的覆盖层模拟柱由于环境较单一，不能为产甲烷古菌提供相应的营养物质，因此其相对丰度在减弱。同时由于产甲烷菌的存在，也进一步证实了覆盖层模拟柱内存在固碳菌，消耗 $CO_2$。

综上所述，试验过程中检测出的与厌氧甲烷氧化有关且丰度较高的古菌属主要为 *Methanobacterium* 和 *Methanosarcina*，在 RS、RB 和 RH 中，随着 $CH_4$ 浓度的升高，各取样口的 *Methanobacterium* 相对丰度均表现出先逐步升高后逐步降低的趋势，至试验末期，*Methanobacterium* 在 RS 的 1 号、5 号和 9 号取样口的相对丰度分别降至 90.44%、88.89%和 89.04%，在 RB 中分别降至 52.66%、83.25%和 87.19%，在 RH 中则分别降至 71.61%、80.84%和 62.12%。在 RS、RB 和 RH 中，*Methanosarcina* 初期均具有相对较高的丰度，但在试验后期，RS 中的 *Methanosarcina* 大幅降低。而在 RB 和 RH 的 9 号

取样口（第 II 阶段末期）时仍具有相对较高的丰度，分别为 3.48%
和 13.33%。

### 5.2.4　不同覆盖材料的甲烷氧化古菌 FISH 分析

为了更直观地观察稳定体系中厌氧甲烷氧化古菌的分布情况，
采用 FISH 技术对试验末期不同覆盖材料的不同深度的古菌和厌氧
甲烷氧化菌（ANME）进行检测。土壤覆盖层（RS）、生物炭土壤
覆盖层（RB）、疏水性生物炭土壤覆盖层（RH）的 FISH 检测结果分
别如图 5.6、图 5.7 和图 5.8 所示。其中古菌检测采用通用探针 Arch915
（绿色）和 ANME 特异性探针 S-*-DARCH-0872-a-A-18（蓝色）。由
图 5.6 可知，RS 的上层、中层和下层的厌氧甲烷氧化古菌相差不大，
蓝色荧光较多且较亮，说明 RS 覆盖层具有较高丰度的厌氧甲烷氧
化古菌。RB 下层具有较多的厌氧甲烷氧化古菌，表现出蓝色荧光较
多且较亮，而上层的厌氧甲烷氧化古菌则较少（见图 5.7）。由图 5.8
可知，RH 中 ANME 在上、中、下 3 层中相差不大。综上所述，各
个覆盖层的 FISH 检测结果基本与高通量测序结果相符，说明特异
性探针 S-*-DARCH-0872-a-A-18 能够检测出代表对应种类的厌氧甲
烷氧化古菌。

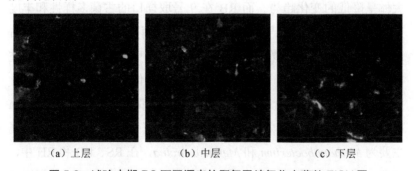

（a）上层　　　　　　（b）中层　　　　　　（c）下层

图 5.6　试验末期 RS 不同深度的厌氧甲烷氧化古菌的 FISH 图

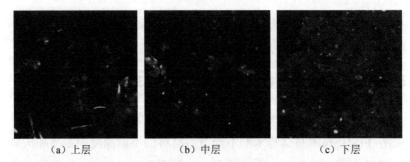

（a）上层          （b）中层          （c）下层

图 5.7　试验末期 RB 不同深度的厌氧甲烷氧化古菌的 FISH 图

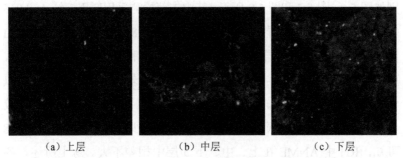

（a）上层          （b）中层          （c）下层

图 5.8　试验末期 RH 不同深度的厌氧甲烷氧化古菌的 FISH 图

　　Alpha 多样性分析结果表明，RS 各取样口的古菌多样性和丰度大体呈降低的变化趋势。而 RB 在 9 号取样口的古菌多样性和丰度呈升高趋势，RH 在 1 号和 5 号取样口的古菌丰度呈升高趋势。且古菌的 Alpha 多样性指数显著低于细菌，由此可知，各覆盖层模拟柱内形成了以细菌为主、古菌为辅的 $CH_4$ 氧化体系。

　　经过长期的驯化，RS、RB 和 RH 的古菌主要由 Euryarchaeota 构成，试验过程中检测出的与厌氧 $CH_4$ 氧化有关且丰度较高的古菌属主要为 *Methanobacterium* 和 *Methanosarcina*，在 RS、RB 和 RH 中，随着 $CH_4$ 浓度的升高，各取样口的 *Methanobacterium* 相对丰度均表现出先逐步升高后逐步降低的趋势，至试验末期，*Methanobacterium* 在 RS 的 1 号、5 号和 9 号取样口的相对丰度分别降至 90.44%、88.89%和 89.04%，在 RB 中分别降至 52.66%、83.25%和 87.19%，在 RH 中则分别降至 71.61%、80.84%和 62.12%。在 RS、RB 和 RH 中，*Methanosarcina* 初期均具有相对较高的丰度，但在试验后期，RS 中的 *Methanosarcina* 大幅降低。而在 RB 和 RH 的 9 号取样口（第Ⅱ阶段末期）时仍具有相对较高的丰度，分别为3.48%和13.33%。

　　采用 FISH 技术对试验末期不同覆盖材料的不同深度的古菌和厌氧甲烷氧化菌进行检测，RS 的上层、中层和下层具有较多的厌氧甲烷氧化古菌。RB 下层具有相对较多的厌氧甲烷氧化古菌，而上层的厌氧甲烷氧化古菌则相对较少。RH 中厌氧甲烷氧化古菌在上、中、下 3 层中相差不大。由此可知，不同的覆盖材料功能古菌分布不同。

# 参考文献

[1] Edenhofer O，Pichs-Madruga R，Sokona Y，et al. Renewable energysources and climate change mitigation：Special report of the intergov-ernmental panel on climate change[M]. Cambridge University Press，2011.

[2] Reddy K R，Yargicoglu E N，Yue D，et al. Enhanced microbial methane oxidation in landfill cover soil amended with biochar[J]. Journal of Geotechnical and Geoenvironmental Engineering，2014，140（9）：04014047-1-04014047-11.

[3] Zhang Q F，Wang G H. Research progress of physiochenmical prop-erties of biochar and its effects as soil amendments[J]. Soil and Crop，2012，1（4）：219-226.

[4] Wu Y，Xu G，Lü Y C，et al. Effects of biochar amendment on soil physical and chemical properties：Current status and knowledgegaps[J]. Advances in Earth Science，2014，29（1）：68-79.

[5] Yang Y B，Zhan L T，Chen Y M，et al. Methane oxidation capacity of landfill cover loess and its impact factors[J]. China Environment Science，2015，35（2）：484-492.

[6] Xu Q，Townsend T，Reinhart D. Attenuation of hydrogen sulfide at construction and demolition debris landfills using alternative cover materials[J]. Waste Management，2010，30（4）：660-666.

[7] 韩冰，苏涛，李信，等. 甲烷氧化菌及甲烷单加氧酶的研究进展[J]. 生物

工程学报，2011，24（9）：1511-1519.

[8]  Allen M R，Barros V R，Broome J，et al. Climate Change 2014：Synthesis Report[R]. New York，USA：IPCC，2014.

[9]  Powell J T，Townsend T G，Zimmerman J B. Estimates of solid waste disposal rates and reduction targets for landfill gas emissions[J]. Nature Climate Change，2015，6（2）：162-165.

[10]  冯凯，黄天寅. 南京轿子山生活垃圾填埋场温室气体释放的变化规律[J]. 环境科学研究，2014，27（12）：1432-1439.

[11]  黄积庆，郑有飞，吴晓云，等. 城市垃圾填埋场温室气体及 VOCs 排放的研究进展[J]. 环境工程，2015，33（8）：70-73，65.

[12]  EEA（European Environment Agency）. Annual European Union greenhouse gas inventory 1990-2012 and inventory report 2014 -European Environment Agency（EEA）[J]. 2014.

[13]  IPCC. Climate change 2013：The Physical Science Basis：Contribution of working Group I to the Fifth Assessment Report of the Intergovernmental panel on Climate Change[M]. Cambridge：Cambridge University Press，2013.

[14]  Fang Y，Mauzerall D L，Liu J，et al. Impacts of 21$^{st}$ century climate change on global air pollution-related premature mortality[J]. Climatic Change，2013，121（2）：239-253.

[15]  Fang Y，Naik V，Horowitz L W，et al. Air pollution and associated human mortality: The role of air pollutant emissions，climate change and methane concentration increases from the preindustrial period to present[J]. Atmospheric Chemistry and Physics，2013，13（3）：1377-1394.

[16]  岳波，晏卓逸，黄启飞，等. 准好氧填埋场中间覆盖层 $CH_4$ 释放及减排潜力[J]. 中国环境科学，2017，37（2）：636-645.

[17]  何品晶，瞿贤，杨琦，等. 土壤因素对填埋场终场覆盖层甲烷氧化的影响[J]. 同济大学学报（自然科学版），2007，35（6）：755-759.

[18]  赵由才，赵天涛，韩丹，等. 生活垃圾卫生填埋场甲烷减排与控制技术研究[J]. 环境污染与防治，2009，31（12）：48-52.

[19] 周渭. 垃圾填埋场温室气体甲烷排放量观测与预测[D]. 南京：南京信息工程大学，2012.

[20] 张相锋，肖学智，何毅，等. 垃圾填埋场的甲烷释放及其减排[J]. 中国沼气，2006，24（1）：3-5.

[21] 岳波，林晔，黄泽春，等. 垃圾填埋场的甲烷减排及覆盖层甲烷氧化研究进展[J]. 生态环境学报，2010，19（8）：2010-2016.

[22] 贾明升，王晓君，陈少华，等. 简易生活垃圾填埋场温室气体的排放研究[J]. 环境科学与技术，2015，38（3）：136-141.

[23] Mcbain M C，Warland J S，Mcbride R A，et al. Micrometeorological measurements of $N_2O$ and $CH_4$ emissions from a municipal solid waste landfill[J]. Waste Management and Research，2005，23：409-419.

[24] 张维. 准好氧填埋场 $CH_4$ 减排和加速稳定化的微生物学机制研究[D]. 杨凌：西北农林科技大学，2010.

[25] 岳波，林晔，王琪，等. 填埋场覆盖材料的甲烷氧化能力及其影响因素研究[J]. 环境工程技术学报，2011，1（1）：57-61.

[26] Mc Knight D M，Boyer E W，Westerhoff P K，et al. Spectrofluorometric characterization of dissolved organic matter for indication of precursor organic materials and aromaticity[J]. Limnology & Oceanography，2001，46（1）：38-48.

[27] Saha S，Badhe N，De V J，et al. Methanol induces low temperature resilient methanogens and improves methane generation from domestic wastewater at low to moderate temperatures[J]. Bioresource Technology，2015，189：370-378.

[28] Wolfe A P，Kaushal S S，Fulton J R，et al. Spectrofluore scence of sediment humic substances and historical changes of lacustrine organic matter provenance in response to atmospheric nutrient enrichment[J]. Environmental Science & Technology，2002，36（15）：3217-3223.

[29] 丁维新，蔡祖聪. 土壤有机质和外源有机物对甲烷产生的影响[J]. 生态学报，2002，22（10）：1672-1679.

[30] Ahmadifar M，Sartaj M，Abdallah M. Investigating the performance of aerobic，semi-aerobic，and anaerobic bioreactor landfills for MSW management in developing countries[J]. Journal of Material Cycles and Waste Management，2016，18（4）：703-714.

[31] Matsuto T，Zhang X，Matsuo T，et al. Onsite survey on the mechanism of passive aeration and air flow path in a semi-aerobic landfill[J]. Waste Management，2015，36：204-212.

[32] 蔡朝阳，何崭飞，胡宝兰. 甲烷氧化菌分类及代谢途径研究进展[J]. 浙江大学学报（农业与生命科学版），2016，42（3）：273-281.

[33] US Environmental Protection Agency（US EPA）. Inventory of U.S. Greenhouse Gas Emissions And Sinks：1990-2010. Washington，DC：US EPA. Report No. EPA 430-R-12-001，2012.

[34] 王云龙，郝永俊，吴伟祥，等. 填埋覆土甲烷氧化微生物及甲烷氧化作用机理研究进展[J]. 应用生态学报，2007，18（1）：199-204.

[35] 翟俊，李媛媛，何孟狄，等. 淡水系统中甲烷厌氧氧化古菌的研究进展[J]. 环境工程学报，2019，13（5）：1009-1020.

[36] 郭敏，何品晶，吕凡，等. 垃圾填埋场覆土层Ⅱ型甲烷氧化菌的群落结构[J]. 中国环境科学，2008（6）：536-541.

[37] Han B，Chen Y，Abell G，et al. Diversity and activity of methanotrophs in alkaline soil from a Chinese coal mine[J]. FEMS Microbiology Ecology，2009，70（2）：40-51.

[38] Ruff S E，Felden J，Gruber-Vodicka H R，et al. In situ development of a methanotrophic microbiome in deep-sea sediments[J]. The ISME Journal，2019，13（1）：197-213.

[39] 汪欢，郑越，杨烨怡，等. 湿地变形菌门甲烷氧化菌群的缺氧能量代谢[J]. 土壤学报，2019，http://kns.cnki.net/kcms/detail/32.1119.P.20190705.1737.004.html.

[40] 刘洋，陈永娟，王晓燕，等. 水库与河流沉积物中好氧甲烷氧化菌群落差异性研究[J]. 中国环境科学，2018（5）：1844-1854.

[41] 王晓琳. 城市生活垃圾填埋场微生物多样性与甲烷、氨气减排研究[D]. 北

京：北京林业大学，2016.

[42] Dunfield P F，Yuryev A，Senin P，et al. Methane oxidation by an extremely acidophilic bacterium of the phylum Verrucomicrobia[J]. Nature，2007，450（7171）：879-882.

[43] Pol A，Heijmans K，Harhangi H R，et al. Methanotrophy below pH 1 by a new Verrucomicrobia species[J]. Nature，2007，450（7171）：874-878.

[44] Islam T，Jensen S，Reigstad L J，et al. Methane oxidation at 55℃ and pH 2 by a thermoacidophilic bacterium belonging to the Verrucomicrobia phylum[J]. Proceedings of the National Academy of Sciences，2008，105（1）：300-304.

[45] Kalyuzhnaya M G，Puri A W，Lidstrom M E . Metabolic engineering in methanotrophic bacteria[J]. Metabolic Engineering，2015，29：142-152.

[46] Hanson R S，Hanson T E. Methanotrophic bacteria[J]. Microbiological Reviews，1996.439-471.

[47] Mcdonald I R，Bodrossy L，Chen Y，et al. Molecular ecology techniques for the study of aerobic methanotrophs[J]. Applied and Environmental Microbiology，2008，74（5）：1305-1315.

[48] Sharp C E，Stott M B，Dunfield P F. Detection of autotrophic verrucomicrobial methanotrophs in a geothermal environment using stable isotope probing[J]. Frontiers in Microbiology，2012，3：1-9.

[49] Sharp C E，Smirnova A V，Graham J M，et al. Distribution and diversity of verrucomicrobia methanotrophs and geothermal and acidic environments[J]. Environmental Microbiology，2014，16（6）：1867-1878.

[50] Keltjens J T，Pol A，Reimann J，et al. PQQ-dependent methanol dehydrogenases：rare-earth elements make a difference[J]. Applied Microbiology and Biotechnology，2014，98（14）：6163-6183.

[51] Krause S M B，Johnson T，Karunaratne Y S，et al. Lanthanide-dependent cross-feeding of methane-derived carbon is linked by microbial community interactions[J]. Proceedings of the National Academy of Science，2017，114（2）：358-363.

[52] Schmidt S，Christen P，Kiefer P，et al. Functional investigation of methanol dehydrogenase-like protein XoxF in *Methylobacterium extorquens* AM1[J]. Microbiol-SGM，2010，156：2575-2586.

[53] 刘菊梅. 乌梁素海湿地挺水植物根圈脱氮甲烷氧化菌群多样性及分布特征研究[D]. 呼和浩特：内蒙古大学，2018.

[54] 朱静. 低 $O_2/CH_4$ 条件下好氧甲烷氧化耦合反硝化脱氮效能及其微生物机理初探[D]. 杭州：浙江大学，2018.

[55] Lieberman R L，Rosenzweig A C. Biological methane oxidation：regulation，biochemistry，and active site structure of particulate methane monooxygenase[J]. Crit Rev Biochem Mol Biol，2004，39（3）：147-164.

[56] Grossman E L，Cifuentes L A，Cozzarelli I M . Anaerobic Methane Oxidation in a Landfill-Leachate Plume[J]. Environmental Science & Technology，2002，36（11）：2436-2442.

[57] 冯俊熙,陈多福. 垃圾填埋场甲烷厌氧氧化作用研究进展[J]. 地球与环境，2014，42（6）：810-815.

[58] 吴忆宁，梅娟，沈耀良. 甲烷厌氧氧化机理及其应用研究进展[J]. 生态科学，2018，37（4）：231-240.

[59] 刘肖，许天福，魏铭聪，等. 微生物诱导下甲烷厌氧氧化及碳酸盐矿物生成实验[J]. 中南大学学报（自然科学版），2016，47（5）：1473-1479.

[60] 沈李东，胡宝兰，郑平. 甲烷厌氧氧化微生物的研究进展[J]. 土壤学报，2011，48（3）：619-628.

[61] Crowe S A，Katsev S，Leslie K，et al. The methane cycle in ferruginous Lake Matano[J]. Geobiology，2011，9：61-78.

[62] 魏素珍. 甲烷氧化菌及其在环境治理中的应用[J]. 应用生态学报，2012，23（8）：2309-2318.

[63] 周京勇，刘冬秀，何池全，等. 土壤中甲烷厌氧氧化菌多样性的分子检测[J]. 生态学报，2015，35（11）：3491-3503.

[64] 孙治雷，何拥军，李军海，等. 海洋环境中甲烷厌氧氧化机理及环境效应[J]. 地球科学进展，2012，27（11）：1262-1273.

[65] Milucka J，Ferdelman T G，Polerecky L，et al. Zero-valent sulphur is a key intermediate in marine methane oxidation[J]. Nature，2012，491（7425）：541-546.

[66] Jun D，Ding L，Wang X，et al. Vertical Profiles of Community Abundance and Diversity of Anaerobic Methanotrophic Archaea（ANME）and Bacteria in a Simple Waste Landfill in North China[J]. Applied Biochemistry and Biotechnology，2015，177（6）：1394-1394.

[67] Haroon M F，Hu S，Shi Y，et al. Anaerobic oxidation of methane coupled to nitrate reduction in a novel archaeal lineage[J]. Nature，2013，500（7464）：567-570.

[68] Ettwing K F，Butler M K，Le Paslier D，et al. Nitrite-driven anaerobic methane oxidation by oxygenic bacteria[J]. Nature，2010，464（7288）：543-548.

[69] 王瑞飞，王亚利，杨清香. 淡水生态系统中反硝化型厌氧甲烷氧化微生物的研究进展[J]. 环境污染与防治，2018，40（12）：120-125.

[70] Chang Y H，Cheng T W，Lai W J，et al. Microbial methane cycling in a terrestrial mud volcano in eastern Taiwan[J]. Environmental Microbiology，2012，14（4），895-908.

[71] Scheller S，Yu H，Chadwick G L，et al. Artificial electron acceptors decouple archaeal methane oxidation from sulfate reduction[J]. Science，2016，351（6274）：703-707.

[72] Siva O，Adler M，Pearson A，et al. Geochemical evidence for iron-mediated anaerobic oxidation of methane[J]. Limnol & Oceanogr，2011，56（4）：1536-1544.

[73] Nordi K，Thamdrup B，Schubert C J，et al. Anaerobic oxidation of methane in an iron-rich Danish freshwater lake sediment[J]. Limnol & Oceanogr，2013，58（2），546-554.

[74] Riedinger N，Formolo M J，Lyons T W，et al. An inorganic geochemical argument for coupled anaerobic oxidation of methane and iron reduction in marine sediments[J]. Geobiology，2014，12（2）：172-181.

[75] Spokas K，Bogner J. Limits and dynamics of $CH_4$ oxidation on landfill cover soils[J]. Waste Management，2011，31：823-832.

[76] Whalen S C，Reeburgh WS，Sandbeck K A. Rapid methane oxidation in a landfill cover soil[J]. Applied and Environmental Microbiology，1990，56（11）：3405-3411.

[77] Boeckx P，van Cleemput O，Villaralvo I. Methane emission from a landfill and the methane oxidizing capacity of its covering soil[J]. Soil Biology and Biochemistry，1996，2（10-11）：1397-1405.

[78] Chanton J，Liptay K. Seasonal variations in methane oxidation in a landfill cover soil as determined by an in situ stable isotope technique[J]. Global Biogeochem，Cycles，2000，14：51-60.

[79] Scheutz C，Kjeldsen P，Bogner JE，et al. Microbial methane oxidation processes and technologies for mitigation of landfill gas emissions[J]. Waste Management，2009，27：409-455.

[80] Scheutz C，Pedersen G B，Costa G，et al. Biodegradation of methane and halocarbons in simulated landfill biocover systems containing compost materials[J]. Journal of Environmental Quality，2009，38：1363-1371.

[81] Chanton J，Abichou T，Ford C，et al. Landfill methane oxidation across climate types in the U.S[J]. Environmental Science Technology，2011，45：313-319.

[82] Chanton J，Abichou T，Langford C，et al. Observations on the methane oxidation capacity of landfill soils[J]. Waste Management，2011，31：914-925.

[83] Pawlowska M，Stepniewski W. Biochemical reduction of methane emissions from landfills[J]. Environmental Engineering Science，2006，23：666-672.

[84] He P，Yang N，Fang W，et al. Interaction and independence on methane oxidation of landfill cover soil among three impact factors：water，oxygen and ammonium[J]. Frontiers of Environmental Science Engineering China，2011，5（2）：175-185.

[85] 何芝，赵天涛，邢志林，等. 典型生活垃圾填埋场覆盖土微生物群落分析[J]. 中国环境科学，2015，35（12）：3744-3753.

[86] 赵天涛，何芝，张丽杰，等. 甲烷及三氯乙烯驯化对垃圾填埋场覆盖土细菌群落结构的影响[J]. 应用生态学报，2017，28（5）：1707-1715.

[87] 王峰，张相锋，董世魁. 植物建植对垃圾填埋场生物覆盖层甲烷氧化及其微生物群落的影响[J]. 生态学杂志，2012，31（7）：1718-1723.

[88] 魏晓梦. 填埋场覆盖土及甲烷氧化菌氧化 $CH_4$ 过程中的胞外多聚物形成及影响因子[D]. 杭州：浙江大学，2016.

[89] 苏瑶. 甲苯对填埋场覆盖土中 $CH_4$ 氧化的影响及机理研究[D]. 杭州：浙江大学，2016.

[90] 邢志林，赵天涛，高艳辉，等. 覆盖层甲烷氧化动力学和甲烷氧化菌群落结构[J]. 环境科学，2015，36（11）：4302-4310.

[91] Chen X W, Wong J T F, Chen Z T, et al. Effects of biochar on the ecological performance of a subtropical landfill[J]. Science of the Total Environment，2018，644：963-975.

[92] Riedinger N，Formolo M J，Lyons T W，et al. An inorganic geochemical argument for coupled anaerobic oxidation of methane and iron reduction in marine sediments[J]. Geobiology，2014，12（2）：172-181.

[93] Sivan O，Antler G，Turchyn A V，et al. Iron oxides stimulate sulfate-driven anaerobic methane oxidation in seeps[J]. Proceedings of the National Academy of Sciences，2014，111（40）：E4139-E47.

[94] Semrau J D. Current knowledge of microbial community structures in landfills and its cover soils[J]. Applied Microbiology and Biotechnology，2011，89（4）：961-969.

[95] Kightley D，Nedwell D B，Cooper M. Capacity for methane oxidation in landfill cover soils measured in laboratory-scale soil microcosms[J]. Applied and Environmental Microbiology，1995，61（2）：592-601.

[96] 刘国涛，张红炼，彭绪亚. 有机垃圾热解生物炭的研究进展[J]. 安全与环境学报，2012，12（1）：89-94.

[97] 韩树丽，杨天华，李润东，等. 垃圾处理方式对温室气体减排作用影响分析[J]. 可再生能源，2011，29（1）：115-120.

[98] Laird D A，Brown R C，Amonette J E，et al. Review of the pyrolysis platform for coproducing bio-oil and biochar[J]. Biofuels Bioproducts & Biorefining-Biofpr，2009，3（5）：547-562.

[99] 刘玉学. 生物质炭输入对土壤氮素流失及温室气体排放特性的影响[D]. 杭州：浙江大学，2011.

[100] 何飞飞，荣湘民，梁运姗，等. 生物炭对红壤菜田土理化性质和 $N_2O$、$CO_2$ 排放的影响[J]. 农业环境科学学报，2013，32（9）：1893-1900.

[101] 张斌，刘晓雨，潘根兴，等. 施用生物质炭后稻田土壤性质、水稻产量和痕量温室气体排放的变化[J]. 中国农业科学，2012，45（23）：4844-4853.

[102] Major J，Rondon M，Molina D，et al. Maize yield and nutrition during 4 years after biochar application to a Colombian savanna oxisol[J]. Plant and Soil，2010，333（1-2）：117-128.

[103] Karhu K，Mattila T，Bergström I，et al. Biochar addition to agricultural soil increased $CH_4$ uptake and water holding capacity–Results from a short-term pilot field study[J]. Agriculture，Ecosystems & Environment，2011，140（1-2）：309-313.

[104] 陈红霞，杜章留，郭伟，等. 施用生物炭对华北平原农田土壤容重、阳离子交换量和颗粒有机质含量的影响[J]. 应用生态学报，2011，22（11）：2930-2934.

[105] Sadasivam B Y，Reddy K R. Adsorption and transport of methane in landfill cover soil amended with waste-wood biochars[J]. Journal of Environmental Management，2015，158：11-23.

[106] 刘秉岳，赵仲辉，涂欢欢，等. 生物炭改性填埋场覆盖粉土的甲烷氧化能力试验研究[J]. 科学技术与工程，2015，15（36）：1671-1815.

[107] Scheutz C，Mosbaek H，Kjeldsen P. Attenuation of methane and volatile organic compounds in landfill soil covers[J]. Journal of Environmental Quality，2004，33（1）：61-71.

[108] Spokas K，Koskinen W，Baker J，et al. Impacts of woodchip biochar additions on greenhouse gas production and sorption/degradation of two herbicides in a

Minnesota soil[J]. Chemosphere，2009，77（4）：574-581.

[109] Castaldi S，Riondino M，Baronti S，et al. Impact of biochar application to a Mediterranean wheat crop on soil microbial activity and greenhouse gas fluxes[J]. Chemosphere，2011，85（9）：1464-1471.

[110] Yoo G，Kang H. Effects of biochar addition on greenhouse gas emissions and microbial responses in a short-term laboratory experiment[J]. Journal of Environmental Quality，2012，41（4）：1193-1202.

[111] 王英惠，杨旻，胡林潮，等. 不同温度制备的生物质炭对土壤有机碳矿化及腐殖质组成的影响[J]. 农业环境科学学报，2013，32（8）：1585-1591.

[112] 颜永毫，王丹丹，郑纪勇. 生物炭对土壤 $N_2O$ 和 $CH_4$ 排放影响的研究进展[J]. 中国农学通报，2013，29（8）：140-146.

[113] B Metz，O R Davidson，P R Bosch，et al. IPCC. Climate Change 2007：Mitigation of Climate Change. Contribution of Working Group III to the Fourth Assessment Report of the Intergovernmental Panel on Climate Change[M]. Cambridge University Press，Cambridge，United Kingdom and New York，NY，USA，2007.

[114] Yaghoubi P. Development of Biochar-Amended Landfill Cover for Landfill Gas Mitigation[M].（Ph.D. thesis）University of Illinois at Chicago，Chicago，2011.

[115] 赵长炜，梁英梅，张立秋，等. 垃圾填埋场甲烷氧化菌及甲烷通量的研究[J]. 环境工程学报，2012，6（2）：599-604.

[116] 周海燕，韩丹. 生活垃圾填埋场甲烷自然减排的新途径——厌氧与好氧的共氧化作用[J]. 环境卫生工程，2011，19（2）：59-62.

[117] 何若，姜晨竞，王静，等. 甲烷胁迫下不同填埋场覆盖土的氧化活性及其菌群结构[J]. 环境科学，2008，29（12）：3574-3579.

[118] Hilger H，Humer M. Biotic landfill cover treatments for mitigating methane emissions[J]. Environ. Monitor. Assess.，2003，84：71-84.

[119] El-Hendawy A N A，Samra S E，Girgis B S. Adsorption characteristics of activated arbons obtained from corncobs[J]. Coll. Surf. A：Physicochemical

Engineering Aspects，2001，180（3）：209-221.

[120] Sensoz S. Slow pyrolysis of wood barks from Pinus brutia Ten. And product compositions[J]. Bioresources Technology，2003，89：307-311.

[121] Putun A E，Ozbay N，Onal E P，et al. Fixed-bed pyrolysis of cotton stalk for liquid and solid products[J]. Fuel Process. Technology，2005，86：1207-1219.

[122] 张世鹏，铁生年. KH-570 硅烷偶联剂表面改性微硅粉分散性研究[J]. 人工晶体学报，2018，47（7）：1396-1401.

[123] 陈国力，王雅珍，王文波. 硅烷偶联剂对纳米 $TiO_2$ 改性及应用的研究进展[J]. 化工新型材料，2017，45（4）：24-25，28.

[124] 何丽红，李力，周超，等. 硅烷偶联剂 KH-570 对硅藻土表面疏水改性研究[J]. 现代化工，2014，34（9）：93-95，97.

[125] 徐惠，孙涛. 硅烷偶联剂对纳米 $TiO_2$ 表面改性的研究[J]. 涂料工业，2008（4）：1-3，17.

[126] 姚超，高国生，林西平，等. 硅烷偶联剂对纳米二氧化钛表面改性的研究[J]. 无机材料学报，2006（2）：315-321.

[127] 铁生年，李星. 硅烷偶联剂对碳化硅粉体的表面改性[J]. 硅酸盐学报，2011，39（3）：409-413.

[128] 赵凤霞. $SiO_2$ 纳米颗粒改性的玻璃和活性炭及其疏水性能研究[D]. 天津：天津理工大学，2015.

[129] Chen Z，Gong H，Zhang M，et al. Impact of using high-density polyethylene geomembrane layer as landfill intermediate cover on landfill gas extraction[J]. Waste Management，2011，31（5）：1059-1064.

[130] Capanema M A，Cabral A R. Evaluating methane oxidation efficiencies in experimental landfill biocovers by mass balance and carbon stable isotopes[J]. Water Air and Soil Pollution，2012，223（9）：5623-5635.

[131] 王进安，董路. 单元包封密闭式填埋工艺在阿苏卫垃圾卫生填埋场的探索实践[J]. 环境科学研究，2012，25（4）：436-440.

[132] Cao Y，Staszewska E. Role of landfill cover in reducing methane emission[J]. Archives of Environmental Protection，2013，39（3）：115-126.

[133] Sadasivam B Y，Reddy K R. Adsorption and transport of methane in landfill cover soil amended with waste-wood biochars[J]. Journal of Environmental Management，2015，158：11-23.

[134] 梅娟，赵由才. 填埋场甲烷生物氧化过程及甲烷氧化菌的研究进展[J]. 生态学杂志，2014，33（9）：2567-2573.

[135] Reddy K，Yargicoglu E，Yue D，et al. Enhanced microbial methane oxidation in landfill cover soil amended with biochar[J]. Journal of Geotechnical and Geoenvironmental Engineering，2014，140（9）（2014）04014047. http://dx.doi.org/10.1061/(ASCE)GT.1943-5606.0001148.

[136] Yargicoglu E N，Reddy K R. Biochar-Amended Soil Cover for Microbial Methane Oxidation：Effect of Biochar Amendment Ratio and Cover Profile[J]. Journal of Geotechnical and Geoenvironmental Engineering，2018，144（3）：04017123.1-04017123.15.

[137] Liu W J，Jiang H，Yu H Q. Development of biochar-based functional materials：Toward a sustainable platform carbon material[J]. Chemical Reviews，2015，115（22）：12251.

[138] Boeckx P，van Cleemput O，Villaralvo I. Methane emission from a landfill and the methane oxidizing capacity of its covering soil[J]. Soil Biology and Biochemistry，1996，2（10-11）：1397-1405.

[139] Stein V B，Hettiaratchi J P A. Methane oxidation in three Alberta soils：influence of soil parameters and methane flux rates[J]. Environmental Technology，2001，22：101-111.

[140] Whalen S C，Reeburgh W S，Sandbeck K A. Rapid methane oxidation in a landfill cover soil[J]. Applied and Environmental Microbiology，1990，56（11）：3405-3411.

[141] Scheutz C，Kjeldsen P，Bogner J E，et al. Microbial methane oxidation processes and technologies for mitigation of landfill gas emissions[J]. Waste Management，2009，27：409-455.

[142] 叶雨佐，李红强，卢俊杰，等. KH-570改性硅溶胶的制备及反应稳定性研

究[J]. 有机硅材料，2011，25（3）：153-156.

[143] 邢志林. 功能覆盖材料强化无序甲烷氧化的生物效应与机理研究[D]. 重庆：重庆理工大学，2015.

[144] 刘帅. 氯代烷烃在垃圾填埋场覆盖层中的迁移转化及降解机制研究[D]. 重庆：重庆理工大学，2019.

[145] Feng S，Leung A K，Liu H W，et al. Effects of thermal boundary condition on methane oxidation in landfill cover soil at different ambient temperatures[J]. Science of the Total Environment，2019，692：490-502.

[146] Chanton J，Abichou T，Langford C，et al. Observations on the methane oxidation capacity of landfill soils[J]. Waste Management，2011，31（5）：914-925.

[147] Mahieu K D V A，Vanrolleghem P A，van Cleemput O. Modelling of stable isotope fractionation by methane oxidation and diffusion in landfill cover soils[J]. Waste Management，2008，28（9）：1535-1542.

[148] 杨旭，邢志林，张丽杰. 填埋场氯代烃生物降解过程的机制转化与调控研究及展望[J]. 微生物学报，2017，57（4）：468-479.

[149] 周盛，韦彬勤，张琼，等. 一种能同时固定 $CO_2$ 和 $N_2$ 的微生物——兼性固 $CO_2$、$N_2$ 菌的分离鉴定及其验证实验[J]. 环境科学学报，2013，33（4）：1043-1050.

[150] De Visscher A，van Cleemput O. Simulation model for gas diffusion and methane oxidation in landfill cover soils[J]. Waste Management，2003，23（7）：581-591.

[151] Huang D，Yang L，Ko J H，et al. Comparison of the methane-oxidizing capacity of landfill cover soil amended with biochar produced using different pyrolysis temperatures[J]. Science of the Total Environment，2019，693：133594.

[152] Yargicoglu E N，Reddy K R. Effects of biochar and wood pellets amendments added to landfill cover soil on microbial methane oxidation：A laboratory column study[J]. Journal of Environmental Management，2017，193：19-31.

[153] 何芝，赵天涛，邢志林，等. 典型生活垃圾填埋场覆盖土微生物群落分析[J]. 中国环境科学，2015，35（12）：3744-3753.

[154] Gebert J，Singh B K，Pan Y，et al. Activity and structure of methanotrophic communities in landfill cover soils[J]. Environmental Microbiology Reports，2009，1（5）：414-423.

[155] 王峰，张相锋，董世魁. 植物建植对垃圾填埋场生物覆盖层甲烷氧化及其微生物群落的影响[J]. 生态学杂志，2012，31（7）：1718-1723.

[156] 魏晓梦. 填埋场覆盖土及甲烷氧化菌氧化 $CH_4$ 过程中的胞外多聚物形成及影响因子[D]. 杭州：浙江大学，2016.

[157] Lee E H，Moon K E，Kim T G，et al. Depth profiles of methane oxidation potentials and methanotrophic community in a lab-scale biocover[J]. Journal of Biotechnology，2014，56-62.

[158] Yaghoubi P. Development of Biochar-Amended Landfill Cover for Landfill Gas Mitigation[D]. Chicago：University of Illinois at Chicago，2011.

[159] Reddy K，Yargicoglu E，Yue D，et al. Enhanced microbial methane oxidation in landfill cover soil amended with biochar[J]. J. Geotech. Geoenviron. Eng. 2014，140（9）：1-7.

[160] Huang D，Yang L，Ko J H，et al. Comparison of the methane-oxidizing capacity of landfill cover soil amended with biochar produced using different pyrolysis temperatures[J]. Science of the Total Environment，2019，693：133594.

[161] 郑南，杨殿海，王莉. 填埋场甲烷氧化覆盖层研究进展[J]. 城市道桥与防洪，2009（3）：91-94.

[162] Martin M. Cutadapt removes adapter sequences from high-throughput sequencing reads[J]. Embnet Journal，2011，17（1）：10-12.

[163] Edgar R C，Hass B J，Clemente J C，et al. UCHIME improves sensitivity and speed of chimera detection[J]. Bioinformatics，2011，27（16）：2194-2200.

[164] Haas B J，Gevers D，Earl A M，et al. Chimeric 16S rRNA sequence formation and detection in Sanger and 454-pyrosequenced PCR amplicons[J]. Genome

Research，2011，21（3）：494-504.

[165] Edgar R C. UPARSE：highly accurate OTU sequences from microbial amplicon reads[J]. Nature Methods，2013，10（10）：996-998.

[166] Wang Q，Garrity G M，Tiedge J M，et al. Naive Bayesian classifier for rapid assignment of rRNA sequences into the new bacterial taxonomy[J]. Applied and Environmental Microbiology，2007，73（16）：5261-5267.

[167] Quast C，Pruesse E，Yilmaz P，et al. The SILVA ribosomal RNA gene database project：Improved data processing and web-based tools[J]. Nucleic Acids Research，2013，41（1）：590-596.

[168] Zhang P，Chen Y G，Zhou Q，et al. Understanding Short-Chain Fatty Acids Accumulation Enhanced in Waste Activated Sludge Alkaline Fermentation：Kinetics and Microbiology[J]. Environmental Science & Technology，2010，44：9343-9348.

[169] Eller G，Stubner S，Frenzel P. Group-specific 16S rRNA targeted probes for the detection of type I and type II methanotrophs by fluorescence in situ hybridisation[J]. Fems Microbiology Letters，2001，198（2）：91-97.

[170] Amato K R，Yeoman C J，Kent A，et al. Habitat degradation impacts black howler monkey（*Alouatta pigra*）gastrointestinal microbiomes[J]. Isme Journal，2013，7（7）：1344-1353.

[171] Li B，Zhang X，Guo F，et al. Characterization of tetracycline resistant bacterial community in saline activated sludge using batch stress incubation with high-throughput sequencing analysis[J]. Water Research，2013，47（13）：4207-4216.

[172] Semrau J D. Current knowledge of microbial community structures in landfills and its cover soils[J]. Applied Microbiology and Biotechnology，2011，89（4）：961-969.

[173] Song L，Yang S，Liu H，et al. Geographic and environmental sources of variation in bacterial community composition in a large-scale municipal landfill site in China[J]. Applied Microbiology and Biotechnology，2017，101

（2）：761-769.

[174] Wong J T S，Chen X，Deng W，et al. Effects of biochar on bacterial communities in a newly established landfill cover topsoil[J]. Journal of Environmental Management，2019，236：667-673.

[175] 王晓琳. 城市生活垃圾填埋场微生物多样性与甲烷、氨气减排研究[D]. 北京：北京林业大学，2016.

[176] 赵天涛，何芝，张丽杰，等. 甲烷及三氯乙烯驯化对垃圾填埋场覆盖土细菌群落结构的影响[J]. 应用生态学报，2017，28（5）：1707-1715.

[177] Wong J T F，Chen Z，Chen X，et al. Soil-water retentionbehavior of compacted biochar-amended clay：a novel landfill final cover material[J]. J. Soils Sediments，2017，17：590-598.

[178] Ding Y，Xiong J，Zhou B，et al. Odor removal by and microbial community in the enhanced landfill cover materials containing biochar-added sludge compost under different operating parameters[J].Waste Management，2019，87：679-690.

[179] Takashi N，Satoru T，Akira H. Activity and Phylogenetic Composition of Proteolytic Bacteria in Mesophilic Fed-batch Garbage Composters[J]. Microbes Environ，2004，19（4）：292-300.

[180] Khan S T，Hiraishi A. Diaphorobacter nitroreducens gen. nov., sp. nov., a poly(3-hydroxybutyrate) - degrading denitrifying bacterium isolated from activated sludge[J]. The Journal of General and Applied Microbiology，2002，48：299-308.

[181] Grabowski A，Tindall B J，Bardin V，et al. Petrimonas sulfuriphila gen. nov., sp. nov., a mesophilic fermentative bacterium isolated from a biodegraded oil reservoir[J]. International Journal of Systematic and Evolutionary Microbiology，2005，55：1113-1121.

[182] Kim S J，Ahn J H，Weon H Y，et al. Parasegetibacter terrae sp. nov., isolated from paddy soil and emended description of the genus Parasegetibacter[J]. International Journal of Systematic and Evolutionary Microbiology，2015，65：

113-116.

[183] Kathiravan R, Jegan S, Ganga V, et al. Ciceribacter lividus gen. nov., sp. nov., isolated from rhizosphere soil of chick pea ( *Cicer arietinum* L. ) [J]. International journal of Systematic and Evolutionary Microbiology, 2013, 63: 4484-4488.

[184] Willems A, Busse J, Goor M, et al. Hydrogenophaga, a new genus of hydrogen-oxidizing bacteria that includes Hydrogenophaga flava comb. nov. ( formerly *Pseudomonas flava* ), Hydrogenophaga palleronii ( formerly *Pseudomonas palleronii* ), Hydrogenophaga pseudoflava ( formerly *Pseudomonas pseudoflava* and 'Pseudomonas carboxydoflava' ) and Hydrogenophaga taeniospiralis ( formerly *Pseudomonas taeniospiralis* ) [J]. International Journal of Systematic and Evolutionary Microbiology, 1989, 39: 319-333.

[185] Ten L N, Jung H M, Im W T, et al. Dokdonella ginsengisoli sp. nov., isolated from soil from a ginseng field, and emended description of the genus Dokdonella[J]. International Journal of Systematic and Evolutionary Microbiology, 2009, 59: 1947-1952.

[186] Feng G D, Yang S Z, Xiong X, et al. Sphingomonas spermidinifaciens sp. nov., a novel bacterium containing spermidine as the major polyamine, isolated from an abandoned lead-zinc mine and emended descriptions of the genus Sphingomonas and the species *Sphingomonas yantingensis* and *Sphingomonas japonica*[J]. International Journal of Systematic and Evolutionary Microbiology, 2017, 67: 2160-2165.

[187] Lu H, Sato Y, Fujimura R, et al. Limnobacter litoralis sp. nov., a thiosulfate-oxidizing, heterotrophic bacterium isolated from a volcanic deposit, and emended description of the genus Limnobacter[J]. International Journal of Systematic and Evolutionary Microbiology, 2011, 61: 404-407.

[188] Lee K C, Kim K K, Eom M K, et al. Aneurinibacillus soli sp. nov., isolated from mountain soil[J]. International journal of Systematic and Evolutionary Microbiology, 2014, 64: 3792-3797.

[189] Yamada T，Imachi H，Ohashi A，et al. Bellilinea caldifistulae gen. nov.，sp. nov. and Longilinea arvoryzae gen. nov.，sp. nov.，strictly anaerobic，filamentous bacteria of the phylum Chloroflexi isolated from methanogenic propionate-degrading consortia[J]. International Journal of Systematic and Evolutionary Microbiology，2007，57：2299-2306.

[190] 冯启明，张宝述. 几种非金属矿粉体的硅烷偶联剂表面改性研究[J]. 非金属矿，1999（A06）：68-69.

[191] Cole E J，Zandvakili O R，Blanchard J，et al. Investigating responses of soil bacterial community composition to hardwood biochar amendment using high-throughput PCR sequencing[J]. Applied Soil Ecology，2019，136：80-85.

[192] 冯俊熙，陈多福. 垃圾填埋场甲烷厌氧氧化作用研究进展[J]. 地球与环境，2014，42（6）：810-815.

[193] 吴忆宁，梅娟，沈耀良. 甲烷厌氧氧化机理及其应用研究进展[J]. 生态科学，2018，37（4）：231-240.

[194] 邢志林. 功能覆盖材料强化无序甲烷氧化的生物效应与机理研究[D]. 重庆：重庆理工大学，2015.

[195] 刘帅. 氯代烷烃在垃圾填埋场覆盖层中的迁移转化及降解机制研究[D]. 重庆：重庆理工大学，2019.

[196] 何丽红，周超，李力，等. 硅烷偶联剂表面改性二氧化钛粒子超疏水性能[J]. 精细化工，2014，9（31）：1061-1064.

[197] 段瑜，温贵安，许国勤，等. 通过硅烷偶联剂在硅和铟锡氧化物（ITO）表面嫁接寡聚芴分子[J]. 无机化学学报，2008，24（10）：1596-1603.

[198] Riedinger N，Formolo M J，Lyons T W，et al. An inorganic geochemical argument for coupled anaerobic oxidation of methane and iron reduction in marine sediments[J]. Geobiology，2014，12（2）：172-181.

[199] Sivan O，Antler G，Turchyn A V，et al. Iron oxides stimulate sulfate-driven anaerobic methane oxidation in seeps[J]. Proceedings of the National Academy of Sciences，2014，111（40）：E4139-E47.

[200] Semrau J D. Current knowledge of microbial community structures in landfills

and its cover soils[J]. Applied Microbiology and Biotechnology, 2011, 89 (4): 961-969.

[201] 冯俊熙, 陈多福. 垃圾填埋场甲烷厌氧氧化作用研究进展[J]. 地球与环境, 2014, 42 (6): 810-815.

[202] Sekiguchi Y, Kamagata Y, Nakamura K, et al. Fluorescence in situ hybridization using 16S rRNA-targeted oligonucleotides reveals localization of methanogens and selected uncultured bacteria in mesophilic and thermophilic sludge granules.[J]. Applied & Environmental Microbiology, 1999, 65 (3): 1280-1288.

[203] Raghoebarsing A A, Pol A, van d P K T, et al. A microbial consortium couples anaerobic methane oxidation to denitrification[J]. Nature, 2006, 440 (7086): 918-921.

[204] Dong J, Ding L, Wang X, et al. Vertical Profiles of Community Abundance and Diversity of Anaerobic Methanotrophic Archaea(ANME) and Bacteria in a Simple Waste Landfill in North China[J]. Applied Biochemistry and Biotechnology, 2015, 175 (5): 2729-2740.

[205] 刘洪杰. 模拟垃圾填埋场稳定化进程中细菌和古细菌群落结构的演替[D]. 重庆: 中国科学院大学, 2017.

[206] Borrel G, O'Toole PW, Harris HMB, et al. Phylogenomic data support a seventh order of methylotrophic methanogens and provide insights into the evolution of methanogenesis[J]. Genome Biology and Evolution, 2013, 5 (10): 1769-1780.

[207] 范习贝, 梁前勇, 牛明杨, 等. 中国南海北部陆坡沉积物古菌多样性及丰度分析[J]. 微生物学通报, 2017, 44 (7): 1589-1601.

[208] 翟俊, 李媛媛, 何孟狄, 等. 淡水系统中甲烷厌氧氧化古菌的研究进展[J]. 环境工程学报, 2019, 13 (5): 1009-1020.